中等职业教育课程改革精品教材

互联网+职教改革新理念教材

职业道德与法治

主编 张 娜 陈 龙 王明强

江苏大学出版社
JIANGSU UNIVERSITY PRESS
镇 江

内 容 提 要

“职业道德与法治”是中等职业学校学生必修的一门思想政治课程。本书根据教育部最新颁布的《中等职业学校思想政治课程标准》(2020 年版)的要求和内容编写而成，内容包括“感悟道德力量”“践行职业道德基本规范”“提升职业道德境界”“坚持全面依法治国”“维护宪法尊严”“遵循法律规范”。

本书紧密结合学生实际，内容充实、活泼，具有较强的针对性、实用性和时代性，并且体例丰富，案例新颖，可作为中等职业学校的思想政治课程教材。

图书在版编目（CIP）数据

职业道德与法治 / 张娜，陈龙，王明强主编. -- 镇江 : 江苏大学出版社，2020.8（2022.7 重印）
ISBN 978-7-5684-1420-3

Ⅰ. ①职… Ⅱ. ①张… ②陈… ③王… Ⅲ. ①职业道德－中等专业学校－教材②法律－中国－中等专业学校－教材 Ⅳ. ①B822.9②D920.5

中国版本图书馆 CIP 数据核字(2020)第 154977 号

职业道德与法治
Zhiye Daode yu Fazhi

主　　编 / 张　娜　陈　龙　王明强
责任编辑 / 吴小娟
出版发行 / 江苏大学出版社
地　　址 / 江苏省镇江市梦溪园巷 30 号（邮编：212003）
电　　话 / 0511-84446464（传真）
网　　址 / http://press.ujs.edu.cn
排　　版 / 北京同文印刷有限责任公司
印　　刷 / 北京同文印刷有限责任公司
开　　本 / 880 mm×1 230 mm　1/16
印　　张 / 8.75
字　　数 / 218 千字
版　　次 / 2020 年 8 月第 1 版
印　　次 / 2022 年 7 月第 4 次印刷
书　　号 / ISBN 978-7-5684-1420-3
定　　价 / 35.00 元

如有印装质量问题请与本社营销部联系（电话：0511-84440882）

PREFACE
前 言

为贯彻落实《国家职业教育改革实施方案》《国务院关于大力发展职业教育的决定》和《教育部关于进一步深化中等职业教育教学改革的若干意见》，提高中职学生的职业道德素质和法治素养，引导学生树立社会主义荣辱观，帮助学生理解全面依法治国的总目标和基本要求，了解职业道德和法律规范，增强职业道德和法治意识，养成爱岗敬业、依法办事的思维方式和行为习惯，我们根据教育部最新颁布的《中等职业学校思想政治课程标准》（2020 年版）精心设计和编写了这本《职业道德与法治》。

本教材内容安排

本教材主要包括道德篇与法治篇，全书共分为六讲。

第一讲为“感悟道德力量”，主要阐述道德与法律的关系、坚持依法治国和以德治国相结合的意义、公民基本道德规范等。目的是让学生领悟道德的内容，培养道德意识。

第二讲为“践行职业道德基本规范”，主要阐述职业道德的内涵和特点、劳动精神和劳模精神的内涵等。目的是让学生增强职业道德意识，树立正确的劳动观、职业观和就业观，强化无论从事什么劳动和职业，都要有“干一行、爱一行、钻一行”的意识，并树立通过辛勤劳动、诚实劳动、创造性劳动实现自身发展的信念，自觉践行劳动精神、劳模精神和工匠精神。

第三讲为“提升职业道德境界”，主要阐述职业礼仪与职业道德的关系、加强职业道

德修养的基本方法等。目的是让学生养成良好的职业礼仪和职业道德行为习惯，不断提升职业道德境界。

第四讲为“坚持全面依法治国”，主要阐述法治的科学内涵、中国特色社会主义的法律体系构成等。目的是让学生了解与日常生活和职业活动密切相关的法律知识，理解法治是党领导人民治理国家的基本方式，明确建设社会主义法治国家的战略目标。

第五讲为“维护宪法尊严”，主要阐述宪法的地位和基本原则、公民基本权利与基本义务等。目的是让学生树立宪法法律至上、法律面前人人平等的法治理念，形成法治让社会更和谐、让生活更美好的认知和情感。

第六讲为“遵循法律规范”，主要阐述法律与纪律的关系、民事诉讼和行政诉讼的基本程序等。目的是让学生学会从法的角度去认识社会和理解社会，养成依法行使权利、履行法定义务的思维方式和行为习惯。

本教材的特色

本教材主要具有以下几个方面的特色。

1. 显隐结合，立德树人

本书以全面落实立德树人根本任务为目的，以培养学生的创新精神和实践能力为重点，通过理论结合实践的方式，提高学生的思想道德素质、文化素养，提高学生发现问题、分析问题和解决问题的能力，以及其社会适应能力等，让学生学有所长、学有所乐、学有所用，从而促进其综合素质全面提高，成长为德智体美劳全面发展的社会主义建设者和接班人。

2. 时效性强，观念与时俱进

本教材紧跟时代步伐，将十九大精神贯穿其中，在每一讲下都设置了“新精神、新要求”模块，充分体现十八大以来的“新精神、新要求”，可帮助学生深刻领会习近平总书记在加强道德和法治建设方面的思想。

3. 内容实用，讲解深入浅出

本教材立足中等职业学校学生的实际情况，用通俗易懂的语言深入浅出地为学生讲述了“职业道德与法治”的相关知识。一方面，可以帮助学生陶冶道德情操，增强其职业道德意识，使其养成良好的职业道德行为习惯；另一方面，可以增强学生的法治意识，使其成为知法、懂法、守法的公民。

4. 平台支撑，共享优质资源

本书在重要知识点处配备了微课视频，学生通过扫描书上的二维码，即可观看视频内容。此外，学校还可借助文旌综合教育平台“文旌课堂”（www.wenjingketang.com）管理校本课程，教师可借助该平台管理各种教学资源（如教学课件、微课视频等）、布置作业、组织考试，学生可借助该平台阅读课外资源、提交作业、进行线上练习、参加考试等。师生在教与学的过程中有任何疑问，都可以登录该平台寻求帮助。

5. 体例丰富，设计易教易学

本教材在正文讲解中设置了透视生活、道德故事、劳模故事、法律讲堂和实践活动等模块，设计新颖、实用。

- **透视生活：** 将新课标中所列出的议题与现实社会热点、实际生活经典案例结合，作为每个专题的引入，激发学生学习兴趣，引发学生思考。
- **道德故事：** 主要讲述与道德篇章每个专题内容相关的道德故事、生活实例等。
- **劳模故事：** 主要讲述与劳模精神相关的典型劳模故事。
- **法律讲堂：** 主要讲述与法治篇章每个专题内容相关的法律案例和法律知识。
- **实践活动：** 设置了“道德银行”活动、“职业礼仪”养成记、“制定班规”活动等兼具趣味性和操作性的实践活动，让学生理论联系实际，在实践活动中反思和提高，并懂得如何应对生活中的道德事件和解决实际问题。

本书在编写过程中引用了大量事例和案例，其中部分事例和案例来源于互联网和一些相关出版物，在此，也对这些案例资源的作者表示衷心的感谢。正文中的其他案例为编者自编或者根据真实事件改编。

本书编委会

主　编　张　娜　陈　龙　王明强

副主编　黄青绿　汤　莎　赵文华　吴大庆
　　　　　农克祥　明　莹　王美定　罗伟辉
　　　　　庭玉波

参　编　陈春苗　季正雄　梁翠柳　杨爽茹

CONTENTS

目 录

道德篇

法治篇

道德篇

DAODE PIAN

第一讲 01

感悟道德力量

新精神、新要求

党的十九大报告指出：

要提高人民思想觉悟、道德水准、文明素养，提高全社会文明程度。

深入实施公民道德建设工程，推进社会公德、职业道德、家庭美德、个人品德建设，激励人们向上向善、孝老爱亲，忠于祖国、忠于人民。

学习目标

- 认知：了解道德与法律的关系；了解道德的特点和作用；了解社会公德、家庭美德、个人品德的主要内容。
- 领会：理解坚持依法治国和以德治国相结合的意义；理解社会主义道德观及新时代加强思想道德建设的意义。
- 提高：领悟提高职业道德素质和法治素养对学生成长成才的意义。

专题一　以法安天下，以德润人心

透视生活

2018 年上映的电影《我不是药神》(见图 1-1)是根据“药侠”陆某的真实事迹改编的。2002 年，陆某被确诊为慢性粒细胞白血病，医生让他长期服用“格列卫”——一种可以让白血病患者的生存率大幅提升的特效药。这款药效果很好，但价格非常昂贵。2004 年，陆某偶然得知印度仿制药 Veenat 的药效与“格列卫”相同，其价格却只有正版药价格的六分之一。几经周折，他终于买到了一瓶仿制药，服药后他感觉效果不错，于是把这个消息告诉了他的病友们。病友们都非常想购买这款仿制药，可是购药的转账手续很复杂，许多病友都不会操作。为了帮助病友，陆某从网上购买了信用卡，专门用来进行医药费转账交易，他免费帮病友买药，甚至还帮忙垫付药费，因此，病友们亲切地称他为“药侠”。

由于印度仿制药 Veenat 没有获得我国药监部门的批准文号，按照法律规定，这种药被认定为假药，而且陆某购药时用信用卡进行转账交易的这种行为也是违法的。2014 年 7 月，陆某被检察机关以“妨害信用卡管理”和“销售假药罪”起诉。随后千余名白血病病友联名写信，为陆某求情。2015 年 1 月，检察机关撤回了对陆某的起诉，法院也对“撤回起诉”做出了裁定，陆某避免了一场“牢狱之灾”。2019 年 12 月 1 日，我国新版《药品管理法》正式施行，规定对未批准进口少量境外已合格上市的药品，并且情节较轻的，可以依法减轻或者免于处罚。

图 1-1　电影《我不是药神》剧照

议一议

陆某的行为有违法之处，也有受到社会道德普遍认可之处。思考当法律和道德有矛盾时，如何以法安天下、以德润人心。

一、道德与法律的内涵

(一) 道德的内涵

道德是指做人的规矩和根本原则，是调整人与人及人与社会之间的原则和规范的总和。道德来源于一定的社会经济关系，其以善恶为标准来评价某些行为方式，同时依靠人

们内心信念、社会舆论和传统习惯得以维系。道德品质是一种个体现象，它是社会道德在个体身上的表现，一个人依据一定的道德准则行动时所表现出的某些稳固的特征，便是他的道德品质。

道德是人类根据自身的生存发展需要，自己为自己“立法”的产物。从道德发展的历史看，道德产生于人们调节社会群体内部各种关系以维护一定社会秩序，以及个人自我肯定、自我发展的需要。试想，如果社会上不存在道德，人人都唯利是图，按照动物界弱肉强食的生存法则你争我夺，那么人类文明早已沦亡。因此，为了人类整体更好地生存和发展，人类社会产生了道德。道德作为人类理性的结晶，表达的不是个人的偏爱和欲求，而是人们的共同愿望和需要，如图 1-2 所示。

图 1-2 “向善向上”

（二）法律的内涵

法律是由国家制定或认可并依靠国家强制力保证实施的，反映由特定社会物质生活条件所决定的统治阶级意志的规范体系，法律通过规定人们在相互关系中的权利和义务，来确认、保护和发展有利于统治阶级的社会关系与社会秩序。

法律有广义和狭义之分。广义的法律是国家所制定或认可的所有法律文件的总称，包括宪法、基本法律、行政法规、地方法规、规章、自治条例、单行条例等。狭义的法律仅指全国人民代表大会及其常委会制定的基本法律及基本法律以外的法律。

在我国，法律是人民群众共同意志的体现，是人们事先做出的承诺和选择。自觉遵守法律是每一位公民应尽的义务。

二、道德与法律的关系

道德与法律相辅相成，共同维持着社会的稳定。两者既有区别又有联系，既可以相互支持，又可以相互补充。法律是由国家制定并强制实施的行为规范，而道德是依靠人们的内心信念、传统习惯和思想教育调整的行为规范。法律的有效实施有赖于道德的支持，而道德的践行也离不开法律的约束。在法律难以规范的领域，道德可以发挥作用；对道德无

力约束的行为，法律可以践行惩戒。具体来说，道德与法律的区别如表 1-1 所示。

表 1-1　道德与法律的区别

区别	道德	法律
表现形式	存在于人们的认识和社会舆论中	表现为国家制定或认可的法律、法规、条例等规范性文件，是明确的、严格的、具体的
实现方式	依靠社会舆论的约束和教育的力量及人们的觉悟来实现	依靠公民自觉维护和遵守，以及国家强制力来实现
调整的对象和范围	几乎涉及人们在社会生活中的一切行为与思想	只调整人们的部分行为

道德与法律都具有规范社会行为、调节社会关系、维护社会秩序的作用，在国家治理中都有其地位和功能。只有建立在坚固道德基石上的法治，才真正坚如磐石、牢不可摧，才有深厚的正当性和道义基础，才能赢得民众内心的服从和拥护。只有坚强和可靠的法治保障，道德的教化、引导、约束、调节功能才能真正实现，否则再美好的道德也将不堪一击。

三、依法治国与以德治国

把以德治国
与依法治国结合起来

（一）依法治国的内涵

依法治国就是广大人民群众在中国共产党的领导下，依照宪法和法律的规定，通过各种途径和形式管理国家事务，管理经济文化事业，管理社会事务，保证国家各项工作都依法进行，逐步实现社会主义民主的制度化、法律化，使这种制度和法律不因领导人的改变而改变，不因领导人的看法和注意力的改变而改变。依法治国是中国共产党领导人民治理国家的基本方略，是发展社会主义市场经济的客观需要，也是社会文明进步的显著标志，还是国家长治久安的必要保障。

（二）以德治国的内涵

以德治国是指以马克思列宁主义、毛泽东思想、邓小平理论和“三个代表”重要思想为指导，以为人民服务为核心，以集体主义为原则，以爱祖国、爱人民、爱劳动、爱科学、爱社会主义为基本要求，以社会公德、职业道德、家庭美德的建设为落脚点，积极建立适应社会主义市场经济发展的社会主义思想道德体系，并使之成为全体人民普遍认同和自觉遵守的规范。以德治国是精神文明建设的重要内容，有利于保障社会生活的安定有序，具有强烈的现实针对性和深远的历史影响性。

（三）坚持依法治国和以德治国相结合

古往今来，法治和德治是治国理政的两个不可或缺的重要手段，在中华民族 5 000 多年的文明历史进程中，德治、法治的思想和实践贯穿历朝历代，德法合治成为中华政治文

图 1-3　坚持依法治国和以德治国相结合

明的优良传统。“坚持依法治国和以德治国相结合”（见图 1-3）是执政党科学执政、民主执政和依法执政的重要指导思想。

依法治国的主体是人民群众，依法治国的方式是人民群众在中国共产党的领导下，依法通过各种途径和方式治理国家，确保国家权力正确有效地行使和运用，防止国家权力的异化和滥用，确保真正做到“立党为公，执政为民”。

以德治国作为与依法治国并行的国家治理和社会治理的重要方式，在规范人的行为方面具有独特的社会价值和治理功效。“以德治国”中的“德”，集中体现了社会主义核心价值观的先进道德，可以弥补“依法治国”中“法”的规范功能和社会功能的不足。同时，以德治国能够吸纳科学、先进的治理理念、手段和方式，形成与依法治国相辅相成的治理体系。治国理政，必须坚持一手抓法治、一手抓德治，实现法律和道德相辅相成、法治和德治相得益彰。

只有“坚持依法治国与以德治国相结合”，才能更好地发挥依法治国与以德治国在国家治理和社会治理中所产生的治理合力，提高国家治理和社会治理的现代化水平。

道德故事

“文景之治”（见图 1-4）是西汉汉文帝、汉景帝统治时期出现的盛世，是中国古代历史上被高度推崇的一个时代。“文景之治”的时候，朝廷推崇“轻徭薄赋”“休养生息”的政策，选拔官员的时候也以“德”为先，要求官员要做道德的表率，在地方治理上也要“以德化民”。当时的社会比较安定，百姓也比较富裕。

图 1-4　“文景之治”盛况

文景二帝都崇尚节俭，不轻易增添新衣服、车辇、马匹等，连帷帐也不施文绣，更下诏禁止郡国进献奇珍异物。国家的开支都有所节制，贵族官僚自然不敢奢

侈无度，进而减轻了人民的负担。除此之外，文景二帝还推崇道家思想中的“无为而治”，以清静不扰民为政策，不仅使当时的社会生产力得到了极大的恢复，也使汉朝文化得到了极大的发展。

四、提高职业道德素质和法治素养对学生成长成才的意义

提高职业道德和法治素养，是社会主义教育方针的基本要求，也是中职学生成长成才的需要。中职学生正处于世界观、人生观、价值观形成和发展的重要时期，急需在学校的教育和引导下不断学习，努力提高和完善自己。具体来说，提高职业道德素质和法治素养对学生成长成才的意义包括：首先，有助于学生懂得立志、树德和做人的道理，促进学生选择正确的成才之路。其次，有助于学生掌握丰富的职业道德和法治知识，增强应对现实中各种挑战的能力，成为对社会发展有用的人才。最后，有助于学生摆正德与才、法与才的关系，真正做到德才兼备、全面发展。

分组讨论

小明是会计专业的学生，在日常浏览网站时，他通常会留意关于会计从业人员的新闻，他发现有很多关于“××会计人员违法失信”“建立会计人员诚信档案”之类的新闻，他认识到做会计有风险，学好财经法规和会计职业道德很重要。因此，在校期间他认真学习学校开设的思想道德素质课程、财经法规与会计职业道德课程，自觉抵制不良思想与诱惑，力求提高自己明辨是非的能力。

结合你所学的专业，谈一谈如何提高职业道德素质和法治素养。

道德故事

有个老木匠准备退休，他告诉老板，自己年纪大了，不想再做盖木房子的活儿了，想回家和老伴一起过清闲的日子，安享晚年的生活。老板舍不得他走，问他是否能看在多年交情的份上，再帮他盖最后一栋房子，老木匠答应了。但老木匠的心已经不在盖房子上面了，他工艺做得马马虎虎，用料也很差，手工还非常粗糙。房子建好的时候，他请老板来验收。老板把大门的钥匙递给他，说：“这是你的房子，是我赠送你的退休礼物！”他惊得目瞪口呆，羞愧得无地自容。如果他早知道这是在给自己建房子，他怎么会如此敷衍呢？现在他只能住在一座粗制滥造的房子里了！

我们有时也像这位老木匠，在建造“生活”这座房子（见图 1-5）的时候，常常是消极应付，而不是积极主动，在生活和工作中，往往没有尽最大努力。等我们惊觉自己的处境时，早已深陷在自己粗制滥造的“房子”里了。

图 1-5　建好“生活”这座房子

把自己当成那个老木匠，想想自己的房子。每天当自己要钉一枚钉子、铺一块墙板时，多尽点力，做仔细点。哪怕是工作的最后一天，也要将工作做得完美。

实践活动　“道德银行”活动

以学生的“文明行为和道德善举”为内容，以“银行储蓄”为手段，以“榜样教育”为途径，激励学生从点滴积累的实际行动中提高自身道德修养，养成良好的习惯，培养关心他人、奉献爱心的良好品质。

为每位学生发放一本“道德存折”，用于记录自己的道德行为，由教师规定评分细则，可参考表 1-2。“道德银行”的存储、支出与结算以小组（每 8～10 人为一组）为单位，由各组组长根据记录为组员兑换道德币，并存入“道德银行”。若学生违反了《中职学生行为规范》和学校有关制度，就扣除一定数量的道德币。在每个月月底，依据道德币数量进行小组排名。

表 1-2　“道德银行”存取款须知

评价标准		道德币小计
遵守道德行为	全勤生	每周加 20 道德币
	在课堂上认真听讲，积极思考和回答老师问题，受到老师表扬	加 20 道德币
	认真完成作业，书写规范、整洁	加 10 道德币
	劳动积极，表现突出	加 20 道德币
	助人为乐，如帮助同学、拾金不昧等	视情况加 10～80 道德币
	积极参加社会公益实践活动（需提供照片）	视情况每次加 20～50 道德币
	见义智为，遇突发事件处置得当	视情况加 50～200 道德币

续表

<table>
<tr><th colspan="2">评价标准</th><th>道德币小计</th></tr>
<tr><td rowspan="3">违反规定行为</td><td>在社会上违法乱纪，如聚众打架、勒索他人等</td><td>扣除所有道德币</td></tr>
<tr><td>不遵守学生行为规范，如抽烟，故意损坏公物，流连网吧，或者迟到、早退、旷课</td><td>扣 100 道德币</td></tr>
<tr><td>不讲卫生，不尊重他人</td><td>扣 50 道德币</td></tr>
</table>

过程记录

活动开展计划：

活动开展关键点：

活动开展难点及解决方案：

心得体会：

活动评价

教师可参考表 1-3 对各小组在“道德银行”活动中的表现进行评价。

表 1-3　“道德银行”活动各小组表现评价表

<table>
<tr><th colspan="2">评价标准</th><th>分值</th><th>分数小计</th><th>教师评价</th></tr>
<tr><td>各小组道德币总数</td><td>视小组道德币总数酌情给分。例如，道德币总数最多的小组得 30 分，道德币总数最少的小组得 10 分</td><td>30 分</td><td></td><td rowspan="3"></td></tr>
<tr><td>各组员均积极参与</td><td>每缺席一名组员扣 5 分，扣完为止</td><td>30 分</td><td></td></tr>
<tr><td>在完成活动时诚实守信、遵守规则</td><td>一旦发现存在失信、不遵守规则的行为则扣 40 分</td><td>40 分</td><td></td></tr>
</table>

专题二　国无德不兴，人无德不立

透视生活

2020年年初，新冠肺炎疫情席卷全球。在我国抗击疫情最困难的时候，不少国家给予了我们支持和帮助。后来在他们抗击疫情的危难时刻，我国也给予了他们真诚的援助。据统计，中国共向150多个国家和部分国际组织提供了急需的医疗物资援助，并向多个国家派遣抗疫医疗队。滴水之恩，当涌泉相报，这是中华民族延续千载的优良传统，也是流淌在中华民族血脉里的道德基因。

我国在世界抗疫中展现了大国担当，我国的医护人员在抗疫中也展现了家国情怀。

钟南山挺身而出，逆向而行，不畏艰险，奋斗在抗击疫情前线，为整个国家挡住风雨冰霜，用凛然风骨诠释了“国士”风范；张文宏在其位谋其职，用“硬核”实话向公众传达真实确切的防疫专业知识和信息，回应舆论焦点问题，让群众理性对待疫情。还有20 000多名医护人员、4 000多名医务子弟兵驰援湖北，他们挥别家乡和亲人，义无反顾地冲上战场，不分昼夜地同病魔决战，口罩和护目镜在他们脸上留下了深深的勒痕，防护服也被汗水浸透，他们舍生忘死，无私奉献，用自己的生命守护了我们的生命（见图1-6）。

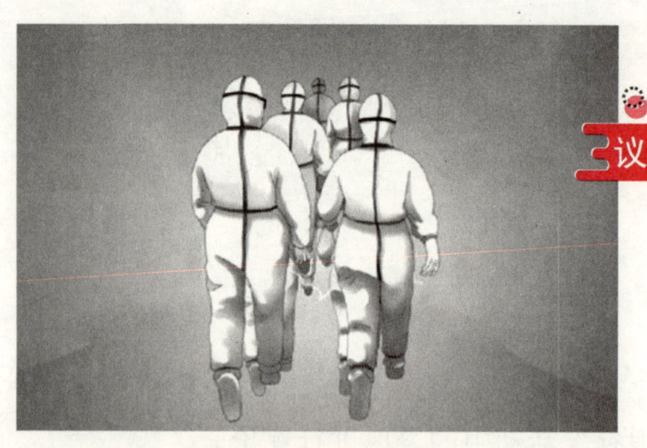

图1-6　致敬医护工作人员

议一议

有两句话叫“全球防疫，大国担当”“侠之大者，为国为民”，请各抒己见，说说对这两句话的理解。

一、道德的特点

道德与法律、纪律、宗教等其他社会规范有所不同，它的特点主要表现在广泛的社会性、特殊的规范性、鲜明的阶级性、影响的传承性等。

（一）广泛的社会性

道德具有广泛的社会性。道德贯穿于人类社会的各个领域，渗透在各种社会关系之中，调整着各种人际关系。道德是衡量一个国家或民族的发展水平和文明程度的重要标尺，也是衡量个人素质的重要标尺。

（二）特殊的规范性

道德具有特殊的规范性。从本质上说，道德是一种以善恶、荣辱为评价标准的社会意识，其主要通过个人良心、风俗习惯和社会舆论，以教育、批评和自省等方式起作用，进而约束人们的行为，调整人们之间的关系。

（三）鲜明的阶级性

道德是建立在社会经济基础之上的，具有鲜明的阶级性。不同时代、不同阶级的人们具有不同的人生价值观，遵循不同的道德标准。例如，剥削阶级以不劳而获、挥霍浪费为荣，而劳动人民则以之为耻。

（四）影响的传承性

由于道德的内在力量，使得道德具有传承性，进而使公众的道德实践具有扩散性。无论任何时代，守信、敬业、尊老爱幼、助人为乐等优良品质都是人们共同的追求，因此，不同时代道德之间具有影响的传承性。

道德故事

宋朝时，有个读书人叫杨时，他非常尊敬自己的老师。他的老师是当时著名的学者程颢。在杨时 40 多岁的时候，程颢去世了。杨时听说程颢的弟弟程颐也是一个很有学问的人，就又拜了程颐为老师。

有一天，下着大雪，杨时去找程颐请教问题。他来到程颐家里，听说程颐正在睡午觉，便一声不响地等着（见图 1-7）。过了好久，程颐醒了，才知道杨时已经在门外等候多时，此时，门外的雪已经积得很厚了。杨时的这种热爱学习、尊敬老师的优良品德，受到了很多人的称赞。后来，人们用“程门立雪”来形容尊师重道的人。

图 1-7　程门立雪

二、道德的作用

道德不仅是处理人与人、人与社会之间关系的行为规范，还是个人实现自我完善的重要精神力量。道德的作用主要包括调节作用、平衡作用、认识作用、教育作用和导向作用。

（一）调节作用

道德的调节作用是指道德可以通过评价、指导、激励、惩罚等方式来调节、规范人们的行为，进而达到调节社会关系的效果。道德能告诉人们“应该怎样”“不应该怎样”。在社会中，人与人之间、人与社会之间，由于利益或角度的不同，难免会产生一些冲突或矛盾，如果大家能遵守道德规范，互相尊重、以诚相待，矛盾冲突自然会减少。

（二）平衡作用

道德不仅能够调节人与人之间的关系，还能平衡人与自然之间的关系。它要求人们端正对待自然的态度，正确认识自己的行为。它教育人们要深刻理解人与自然和谐共生的关系，树立尊重自然、顺应自然、保护自然的观念；还要有造福子孙后代的高度责任感，从社会的全局利益和长远利益出发，合理开发自然资源，保护环境，维持生态平衡。

（三）认识作用

道德的认识作用主要表现为道德能教人辨是非、明善恶、知美丑，人通过认识道德与不道德行为来领悟道德规范，在社会生活中按照道德规范去处理自己与他人，以及自己与社会之间的关系，并根据自己对道德标准的认识对他人的社会行为做出评价。

（四）教育作用

道德的教育作用主要表现为它可以培养人形成良好的道德意识、道德品质和道德行为，使人树立正确的义务、荣誉、正义和幸福等观念。在社会主义条件下，我们的道德教育就是通过规范引导、舆论评价、榜样激励等方式来指导人的行为，提高人的社会主义道德水平。

（五）导向作用

道德的导向作用主要表现为它对社会经济生活及具体经济活动的导向。例如，对社会生产力、物质财富、科学技术的价值实现的导向。此外，它还可以引导人们在政治、法律活动中遵纪守法，积极执行中国共产党的路线、方针、政策等。

三、新时代思想道德建设

（一）马克思主义道德观

马克思主义认为，道德是一种社会意识形态，它是人们共同生活及其行为的准则和规范。不同的时代有不同的道德观念，没有任何一种道德体系和道德观念是永恒不变的。社会发展到某个程度，也就需要与之相适应的道德体系和道德观念。中国共产党领导人民在革命、建设和改革的历史进程中，坚持马克思主义对人类美好社会的理想，继承、发扬中华传统美德，形成了引领中国社会发展进步的社会主义道德体系，为中国特色社会主义事业发展提供了强大精神动力。

（二）社会主义道德观

社会主义道德根植于社会主义经济基础，与社会主义的经济、政治、文化状况相适应。社会主义是共产主义的初级阶段，社会主义道德本质上从属于共产主义道德体系，是共产主义道德在社会主义历史阶段的具体体现。它以社会主义的集体主义为道德原则，以实现共产主义为道德理想，由各方面的道德规范构成，包括公民道德、社会公德及各行各业的职业道德等，这些规范有机地结合在一起，构成了社会主义道德的内容体系。

（三）新时代加强思想道德建设的意义

新时代加强思想道德建设的目标是总结在社会主义革命、建设、改革中形成的道德建设经验，弘扬中华传统美德，传承文化基因，延续革命精神谱系，把握道德建设规律，创新道德建设形式，在新的历史起点上推动全民道德素质和社会文明程度升华到新境界。

为什么立德

新时代加强思想道德建设，坚定中国特色社会主义理想信念，是实现中华民族伟大复兴的必然要求。中华民族的伟大复兴，决不是轻轻松松、敲锣打鼓就能实现的，要依靠德智体美劳全面发展的建设者和接班人。而能够担当民族复兴大任的时代新人，必须是在思想水平、政治觉悟、道德品质、文化素养、精神状态等方面同新时代要求相符合的，所以加强青少年思想道德建设是很有必要的。

新时代加强思想道德建设，是适应社会主要矛盾变化、满足人民对美好生活的需要的迫切要求，是把社会主义思想道德建设成果进一步转化为治理效能和制度优势的重大举措。在新时代，公民道德建设不能只停留在公共场合讲文明、上车排队、主动为老幼病残孕让座这样的要求上，而应在社会责任、生态文明、国家安全等公益精神上要有新的境界。新时代加强思想道德建设，必须坚持以社会主义核心价值观（见图 1-8）引领道德规范、强化道德认同、指导道德实践，引导人们明大德、守公德、严私德，进而提高全社会道德水平和思想境界。

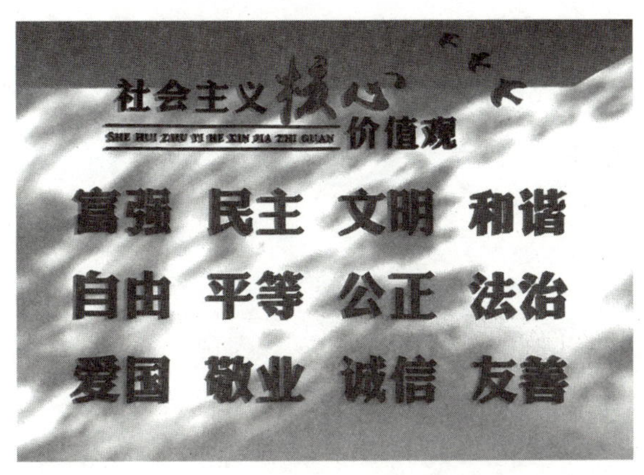

图 1-8 社会主义核心价值观

实践活动　“该不该奖励救人小哥一套房”辩论赛

2020 年 5 月 21 日，四川省富顺县某小区内，一个小女孩被困在 6 楼的窗外无法动弹，随时都有掉下去的危险。附近群众发现后，有人拨打了消防求救电话，有人自发地在楼下拉起“缓冲垫”，大家想尽办法，却一直没能将小女孩救下。正在众人束手无策的时候，某品牌空调的安装人员，徒手攀爬到小女孩身边将其救下，大家纷纷称赞救人小哥的义举。救人小哥的公司为了表彰他见义勇为，奖励了他一套价值 60 万元的房产。

这则新闻一经发布，就在网上引发了热议。网友 A 说：“小哥豁出性命救人，好人有好报，这是小哥应得的。”网友 B 说：“这种落到实处的奖励比那些锦旗、奖状强太多了。”网友 C 说：“到底是见义勇为还是搞商业宣传，毕竟空调品牌名都带出来了。”网友 D 说：“奖励一套房有点太过了，真善良、真好人为什么要收钱？”网友 E 说：“这种奖励弘扬了见义勇为的精神，应该奖！”

结合上述内容，请开展一场以“该不该奖励救人小哥一套房”为辩论题目的辩论赛。

将班里所有学生分成四组，每组选出一个组长和四个辩手，由组长抽签决定正反方，四组按正反方依次开展两场辩论赛，未参与当场辩论赛的其他组成员为观众，由他们投票选出获胜组。辩论赛开始前，组长、辩手和组员要积极讨论，提出观点，并为辩论赛准备资料。

过程记录

活动开展计划：

活动开展关键点：

材料准备的难点及解决方案：

心得体会：

活动评价

教师可参考表 1-4 对各小组在“该不该奖励救人小哥一套房”辩论赛活动中的表现进行评价。

表 1-4　“该不该奖励救人小哥一套房”辩论赛活动各小组表现评价表

评价标准	分值	分数小计	教师评价
各成员均积极参与讨论和准备工作	25 分		
辩论材料准备充分	25 分		
辩论论据充分，逻辑合理	25 分		
辩手语言流畅、有气势，辩论方法得当	15 分		
辩论赛获胜	5 分		
投票时公平公正，不作弊	5 分		

专题三　立道德之风，传美德义行

透视生活

周敦颐的《爱莲说》中有云：“予独爱莲之出淤泥而不染，濯清涟而不妖，中通外直，不蔓不枝，香远益清，亭亭净植，可远观而不可亵玩焉。”意思是作者独爱莲花（见图 1-9），爱它从淤泥中长出却不被污染，经过清水的洗涤却不显得妖艳。它的茎内空外直，不生蔓，不长枝，只静静地挥洒清香，笔直洁净地立在水中，给人一种只能远远地观赏而不能玩弄它的高洁、质朴之感。

莲是花中君子，象征着高贵的品德之美。首先，莲花虽身处污泥之中，却纤尘不染，不随世俗，具有洁身自爱、天真自然、不显媚态的可贵精神；其次，莲花空管挺直，不牵扯攀附，如傲然不群的君子一样，凛然不可侵犯。

图 1-9　莲花

议一议　《爱莲说》是中华优秀传统文化中关于立德的经典篇章，结合实际生活，说说你对莲花品德之美的理解。

一、公民基本道德规范

公民基本道德规范包含了中华民族的传统美德，以及中国共产党领导人民在长期革命斗争和社会实践中所形成的优良道德传统，体现了改革开放和发展社会主义市场经济的时代特点，弘扬了时代精神，是人们在为人处世过程中应该遵循的起码的道德准则，是公民道德规范中最低层次的道德规范。公民基本道德规范与社会公德、职业道德和家庭美德是一般与个别的关系，前者渗透在后三者之中并通过后者表现出来。

2001 年中共中央印发的《公民道德建设实施纲要》把我国公民应当遵守的基本道德规范集中概括为“二十个字”：爱国守法、明礼诚信、团结友善、勤俭自强、敬业奉献。

（一）爱国守法

爱国守法是社会主义道德体系中最基本的规范，反映了公民个人与国家、社会的关系。“爱国”要求公民热爱国家、建设国家、保卫国家，维护国家尊严，保守国家机密，敢于同一切危害国家利益和安全的行为做斗争，把对国家的义务和责任看成自己的职责。“守法”要求公民增强法律意识，增强法治观念，依法维护社会公共利益和集体利益，依法保护个人合法的正当利益；自觉履行宪法和法律规定的各项义务，积极承担应尽的社会责任。

（二）明礼诚信

明礼诚信是指导公民在家庭生活、社会交往和职业工作中如何待人的道德规范。它要求我们无论在何种场合，从事什么样的活动，都应该重礼节、讲礼貌、举止文明、诚实守信、诚心待人、诚信处事。

（三）团结友善

团结友善是指导公民在集体生活和工作中如何与其他成员相处的道德规范。团结友善要求我们与他人团结合作，友好相处，互相帮助，为达目标而共同奋斗。

（四）勤俭自强

勤俭自强是指导公民如何对待生活、对待自身的道德规范。它要求我们自觉保持勤劳节俭、艰苦朴素的生活作风和自强不息、开拓创新、健康向上的精神风貌。

（五）敬业奉献

敬业奉献是指导公民如何对待工作或事业的道德规范。敬业奉献要求我们对待工作要忠于职守，精益求精，克己奉公，为国家、为社会、为他人做出一定的贡献。

二、社会公德

社会公德是公民在社会公共生活领域所必须履行和遵守的道德规范的总和，是维持社会公共生活正常、有序、健康进行的最基本条件。它涵盖了人与人、人与社会、人与自然之间的关系，是整个社会道德体系的基础。

社会公德作为社会公共生活准则，主要围绕人的基本生存价值要求而展开，体现了在社会公共生活领域中人与人要互相尊重、互相关心、互相帮助的内在要求。中职学生要想成为一个好公民，就必须要遵守社会公德。社会公德主要包括文明礼貌、助人为乐、爱护公物、保护环境、遵纪守法。

（一）文明礼貌

文明礼貌（见图 1-10）是中华民族的传统美德，主要体现在人际交往和公共场所行为两个方面。

图 1-10　文明礼貌

在人际交往中，中职学生需要做到以下几个方面：

- **衣着整洁。**这是文明公民应有的外在形象，也是社会文明对公民的最起码要求。
- **举止文雅。**举止姿态涉及对他人是否尊重的问题。粗俗的、不正确的举止动作不但不雅观，而且影响人们之间的交往与和谐相处。
- **语言文明。**首先，说话要和气，用语要得当，不讲粗话、脏话、下流话，不强词夺理，不恶语伤人。其次，说话要委婉含蓄，要讲方式、讲场合、看对象。
- **守时守约。**约会要守时，不要无故迟到；要信守诺言，不要言而无信。

在公共场所中，中职学生要做到不随地吐痰，不随地乱扔垃圾，不大喊大叫；看视频时要戴耳机，在图书馆、教室学习时要保持安静，不影响他人；要遵守公共生活规则，文明礼让，有序排队。

（二）助人为乐

助人为乐就是以关心他人、帮助他人为快乐之本。它体现了社会主义的人道主义精神，是为人民服务的具体体现。

图 1-11　帮助他人

生活在社会这个大集体中的任何人，都不可能脱离他人的帮助而存在，也不可能脱离他人的关心而生活。人与人之间需要相互依存、相互关心和帮助。在社会公共生活中，中职学生要关心照顾老弱病残，体恤孤寡。当别人有困难时，要热情地伸出援助之手，急他人之所急，帮他人之所需（见图 1-11）；当看到他人发生摩擦、纠纷时，要积极调解，帮他人化干戈为玉帛；当看到他人有缺点或错误时，要恰当指出和帮助，表达自己的关心和爱护之意。

分组讨论

2020年6月6日，在贵州遵义银沙桥附近的一辆汽车突然起火，当地的消防救援站接到火情报警后，立刻派出了两辆消防车前往事发地点。消防人员到达事故现场附近后，发现路况复杂，旁边的商贩也很多，一时间救火队员无法判断准确的起火点。在火情紧急时刻，路边一位身穿黄色T恤的小男孩向消防队员招手呼唤，示意大家跟着他走！随后，这位少年在前方奔跑，两辆消防车紧随其后，在拐进小巷里的时候，小男孩怕消防车跟丢，还频频回头察看。看到小男孩的表现后，周围的商贩也纷纷主动让路。在大家的配合下，消防人员很快就找到了起火点，并迅速控制了火情。

分组讨论，说说当遇见紧急情况或他人需要帮助时你会怎么做。

（三）爱护公物

爱护公物是社会公共生活的基本要求，是公民的基本义务，也是公民必须遵守的社会公德。公物是全体劳动者共同创造的，为全体社会成员共同享用，是提高人民的物质文化水平服务的物质基础，体现着社会的整体利益。

对于中职学生来说，首先要以主人翁的态度对待公物，要像爱护自己的私人财物那样爱护公物，从思想上真正树立起爱护公物的观念。其次，要正确使用公共财物，把公共财物合理地用于公共需要。对公共财物的使用，要做到精打细算、合理使用，避免浪费和损坏。例如，在学校要爱护校园的一草一木（见图 1-12）、教室墙面等。再次，要注意保护名胜古迹和历史文物，出门旅游时不能在名胜古迹上乱写乱画。最后，作为祖国未来的接班人，中职学生要关心、爱护和保护国家财产，坚决同破坏和浪费公共财物的行为做斗争。

图 1-12 爱护一草一木

（四）保护环境

保护环境是每个人的义务和责任。长期以来，人类在对待自然环境的问题上常常片面地追求自身利益，而忽视了人与自然、人与环境的协调关系，造成了环境的污染，破坏了生态的平衡。因此，爱护自然、保护环境已成为需要全人类共同关心的大问题。

保护环境，不仅仅是指讲究公共卫生、美化个人生活环境等，还包括减少环境污染，维护生态平衡，合理开发利用自然资源、能源等。我国人口众多，人均资源较少，保护环境对于可持续发展、维护子孙后代的根本利益具有特别重要的意义。

保护环境，要从自身做起。对于中职学生来讲，首先，要树立可持续发展的观念，自觉抵制破坏环境的行为。其次，在日常生活中要自觉进行垃圾分类（见图 1-13），不乱扔垃圾，做到低碳出行、节约用水、节能环保，生活中勤俭节约，爱惜粮食，不浪费饭菜等。最后，要尽绵薄之力，配合治理遭到污染的自然环境。例如，随手拾取垃圾并扔进垃圾桶，参与植树活动等。

图 1-13　垃圾分类

社会公德

（五）遵纪守法

遵纪守法是指遵守纪律和法律。它是保证社会健康有序发展的基础。对于个人来说，是否能够自觉维护公共场所秩序，有没有纪律观念和法律意识，体现了他的道德风貌。

作为中职学生，首先要自觉学习法律、法规，强化法律意识和纪律观念。其次，要用法律法规规范自己的行为，严格按照法律法规办事。最后，要自觉维护宪法和法律尊严，坚决同违反法律法规和各种纪律的行为做斗争。

三、家庭美德

家庭美德是公民在家庭生活中应该遵循的行为准则，是调节家庭内部成员关系，以及和家庭密切相关的人员关系的行为规范。它涵盖了长幼、夫妻、邻里等关系。

（一）尊老爱幼

尊老爱幼是指尊敬长辈、爱护晚辈，它是中华民族的传统美德，是人类敬重自己的表现。尊老爱幼不仅要求尊敬自己的长辈、爱护自己的子女，也要求尊敬别的老人，爱护年幼的孩子。作为中职学生，在生活中要感恩自己的长辈，关心他们的身体和生活（见图 1-14）；关心年幼的孩子，为他们提供力所能及的帮助，让他们快乐生活，健康成长。

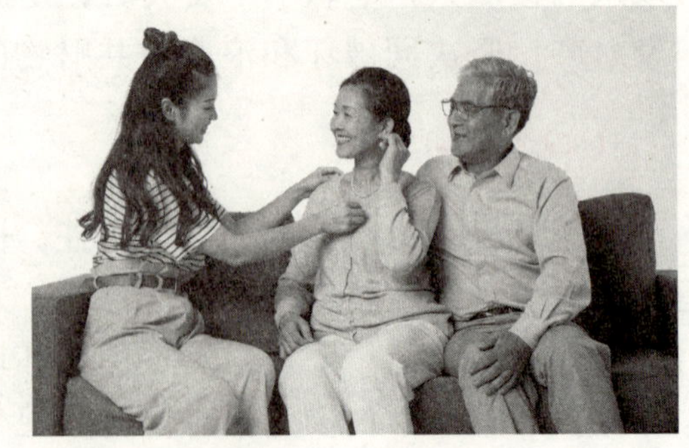

图 1-14　关爱长辈

（二）男女平等

男女平等是指在家庭生活的各个方面，女子和男子均人格独立、地位平等，享有同等的权利和义务。我们要摒弃“重男轻女”的传统思想，使男女享有同等的教育、就业及财产等方面的权利。

图 1-15 夫妻和睦

（三）夫妻和睦

夫、妻是家庭的主要成员，夫妻关系是家庭关系的核心和关键所在。忠于爱情、互敬互爱、共同进步，是夫妻和睦（见图 1-15）、婚姻美满的基础。

（四）勤俭持家

勤俭即勤劳节俭。勤劳是指努力劳作，不怕辛苦，尽力多做事。节俭是对消费加以节制，不奢侈浪费。勤俭是家庭兴旺的保证，也是社会富足的保证。勤俭持家、勤劳致富，是中华民族的传统美德。常言道：“勤是摇钱树，俭是聚宝盆，奢懒败家门。”作为中职学生，在今后的人生中，既要做到努力学习、努力工作、勤劳致富，又要做到量入为出、节约开支。

（五）邻里团结

邻里关系是一种既无血缘又无法定关系的地缘关系。在日常生活的广泛交往中，如果处理好邻里关系，可互相帮助，互为依靠，得“远亲不如近邻”之利；如果处理不好邻里关系，则矛盾丛生，纠纷不断，会受“恶邻相向”之害。

作为中职学生，与邻里相处，或者在学校与同学、室友相处时，首先要坦诚相待，胸襟宽广。其次要互相体谅，遇事多站在对方立场上想一想，切记“将心比心”“己所不欲，勿施于人”。

道德故事

清朝时，在安徽桐城有一个著名的家族，父子两代为相，权势显赫，这就是张家张英、张廷玉父子。清康熙年间，张英任文华殿大学士和礼部尚书，张家在桐城的老宅与吴家为邻，两家府邸之间有个巷子，供双方出入。后来邻居吴家建房，要占用这个巷子，张家不同意，双方就到县衙去打官司。县官考虑到纠纷双方都是显赫的家族，不敢轻易决断。

在这期间，张家人给在北京当大官的张英写了一封信，要求张英出面干涉此事。张英收到信件后，在给家人的回信中写了这四句话：千里来书只为墙，让他三尺又何妨？万里长城今犹在，不见当年秦始皇。家人阅罢，明白其中意思，主动让出三尺巷子。吴家见状，深受感动，也主动让出三尺，这样就形成了一个六尺巷子（见图 1-16）。

图 1-16　六尺巷

“六尺巷”的故事告诉我们，礼让、和睦是中华民族的传统美德。古代开明之士为我们做出了表率，今天的同学们在处理同学之间、邻里之间的小是小非时，应该效仿前人，相互礼让，和睦相处。

四、个人品德

（一）个人品德的内容

个人品德并不是与生俱来的，而是个人在社会实践中逐渐形成的一种特殊品性。它是社会道德要求的内化或体现，反映着现实生活的内容，展示着现实社会的道德风尚。

个人品德具有综合性和稳定性两大特点。综合性主要体现在个人品德不是零碎的个人生活片段，而是个人的道德认识、道德信念、道德情感、道德意志、道德行为的综合体现。这些要素相互联系、相互依存、相辅相成，渗透并影响着个人生活的各个方面。稳定性主要体现为个人品德不是临时的、短暂的道德现象，其一经形成，就会长时间影响人的思想和行为。

（二）提高个人品德的途径

提高个人品德的具体方法主要有以下几种：一是学思并重的方法，即在现实生活和工作中，要虚心学习，善于思索，辨别善恶，学善戒恶；二是慎独自律的方法，即在无人知晓、没有外在监督的情况下，坚守自己的道德信念，自觉按道德要求行事；三是积善成德的方法，即通过积累善行或美德，使之巩固强化，以逐渐养成优良的品德；四是省察克制的方法，即通过反省自己的思想行为，找出自己思想和行为中的不良倾向，并及时抑制和克服；五是知行统一的方法，即把提高道德认识与躬行道德实践结合起来，将道德要求内化为个人的道德品质。

实践活动　用实际行动传递道德的温暖

用实际行动传递道德的温暖，以下三个活动可任选一项进行实践。

活动一：“侠客”令牌——为同学做一件好事

通过此次活动，增进学生之间的互动，使他们感受友谊的温暖，建立彼此之间的信任。

（1）将愿意参加活动的同学进行编号，每位同学记清自己的号码，教师将这些编号制作成卡片装进盒子里，全体成员抽签。

（2）抽到号码后，该同学立即升级为此号码对应之人的“侠客”，此人必须为“侠客”做一件好事。

（3）“侠客”需要为完成任务的人准备一份小礼物，可以是购买的商品，也可以是自己制作的礼品。

（4）3 天后，在教室里总结活动的收获，“侠客”表示感谢并当面赠送礼物。

活动二：关爱老人——到养老院或社区送温暖

通过此次活动，让学生走进社会，为老人送去一丝温暖。

（1）选定敬老院或社区。

（2）联络相关负责人，待其允许后，全班同学一起商议本次活动，协商活动细节。

（3）取得学校认可，并开出本次活动许可证明。

（4）到达地点后，志愿者可自行解散并融入敬老院老人们的生活当中，如帮老人干活、与老人谈心等。

（5）活动结束后返回学校，每人写一篇活动感言。

活动三：回报社会——充当城市“美容师”

通过此次活动，让学生理解环卫工人等社会服务者的艰辛，并养成爱护公共场所环境卫生的好习惯。

（1）教师组织学生分组，5 人一组，并选出小组负责人。

（2）各组准备清扫工具，包括拖把、扫帚、垃圾桶、铲子、水桶、抹布等，以便清除街道上的垃圾和小广告。

（3）在学校门口集合，老师为各组分配打扫地段。

（4）各组认真打扫卫生。

（5）活动结束后，每小组派出一位代表，对今天的劳动进行总结。

过程记录

活动开展计划：

活动开展关键点：

活动开展难点及解决方案：

心得体会：

活动评价

教师可参考表 1-5 对“用实际行动传递道德的温暖”活动进行评价。

表 1-5 “用实际行动传递道德的温暖”活动评价表

评价标准	分值	分数小计	教师评价
同学们积极参与活动	25 分		
同学们在活动中讲文明懂礼貌，有亲和力	25 分		
帮助同学、老人或环卫工人解决问题	25 分		
活动总结或活动感言内容丰富，字迹工整	25 分		

第二讲

践行职业道德基本规范

02

新精神、新要求

《新时代公民道德建设实施纲要》要求：

推动践行以爱岗敬业、诚实守信、办事公道、热情服务、奉献社会为主要内容的职业道德，鼓励人们在工作中做一个好建设者。

学习目标

- 认知：了解职业道德的内涵、特点及强化职业道德意识的途径；了解劳动精神、劳模精神的内涵。
- 领会：理解职业道德对促进社会发展和个人成才的重要性；理解职业道德的主要内容和意义。
- 提高：领悟新时代弘扬劳动精神、劳模精神的意义。

专题一 立足本职，领悟职业道德

透视生活

荣获世界技能大赛冠军，享受与奥运冠军同待遇，被破格提升为副教授，享受国务院特殊津贴……很难想象，这些耀眼的光环属于一个年仅 20 多岁的剪发妹子聂某。聂某表示，她希望为美发行业的技能提升尽一份力量，并告诉中职生朋友，当不了学霸，就当技术尖子，同样也能走向职业成功。

聂某出生于重庆市一个普通的农民家庭，仅有初中文凭的她刚踏入社会时，在理发店里为顾客洗头，但洗头仅仅是第一步，当美发大师才是她的终极梦想。因此，每天下班后，她就疯狂地在网上搜罗重庆美发大师的信息。后来，她找到了重庆美发行业的领军人物——何老师。“我直接到何老师的工作室登门拜访。”聂某说，当天她正好碰到何老师在给顾客设计发型，说明来意后，何老师被这个 15 岁小女孩的诚意打动，便推荐她去重庆××技工学校就读，而他是该校美发与形象设计专业的老师。

重新回到学校的聂某，如饥似渴地学习美发知识，遇到不明白的地方，马上向老师请教，不断查找问题、分析问题和解决问题，力求使自己的美发技艺和作品尽善尽美。考虑到自己基本功底子差，聂某主动搬进了老师的工作室。每天上完课后便在工作室里进行封闭训练，一天至少操作 12 小时，一天下来脚几乎都是麻的，在学校的 3 年里，聂某争分夺秒地苦练技艺，没有寒暑假，没有休息日，甚至连春节都没有。“不怕吃苦，勤学肯练，积极向上。”这是何老师对聂某的评价。名师带领加上自身的不懈努力，聂某很快就在何老师众弟子中脱颖而出，并入选国家队备战世界技能大赛。之后，聂某每天都要进行技艺、语言和体能训练，以应对世界技能大赛的高强度赛程安排。

2015 年 8 月 12 日，聂某代表中国参加第 43 届世界技能大赛美发项目（见图 2-1）。在比赛中聂某紧扣每一个细节，几乎零失误，最终以一头短碎发做成的时尚造型赢得了裁判青睐，一举夺得金牌，成为“世界第一剪”。

图 2-1　第 43 届世界技能大赛美发项目

议一议

请结合上述案例和自己所学的专业，说一说为什么职业道德是职业成功的必要保证。

一、职业道德的内涵

职业道德是指从业者在所从事的职业岗位中应努力遵循的道德要求和行为规范的总和，即与职业相关的道德准则、道德品质、道德情操等。

职业道德的概念有广义和狭义之分。广义的职业道德是指从业人员在职业活动中应该遵循的行为准则，涵盖了从业人员与服务对象、职业与职工、职业与职业之间的关系。狭义的职业道德是指在一定职业活动中应遵循的体现一定职业特征、调整一定职业关系的职业行为准则和规范。

职业道德的内涵具体包括以下八个方面。

（1）职业道德是一种职业规范，受到社会的普遍认可。

（2）职业道德是长期以来自然形成的。

（3）职业道德没有确定的形式，通常体现为观念、习惯、信念等。

（4）职业道德依靠文化、内心信念和习惯，通过员工的自律实现。

各行各业的职业道德

（5）职业道德大多没有实质的约束力和强制力。

（6）职业道德的主要内容是对员工义务的要求。

（7）职业道德标准多元化，代表了不同企业可能具有不同的价值观。

（8）职业道德承载着企业文化和凝聚力，影响深远。

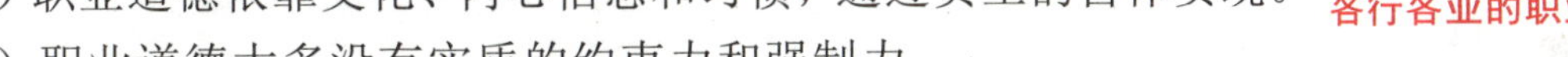

二、职业道德的特点

职业道德是从职业活动的需要中形成和发展起来的，是道德的重要组成部分。职业道德同一般道德有着密切的联系，同时又有其自身的特点。

（一）行业性

行业性是职业道德最显著的特征。职业道德与人们的职业紧密联系，一定的职业道德规范只适用于特定的职业活动，只体现社会对某种具体职业活动的要求，往往只约束该行业的从业人员及他们在职业活动中所发生的行为。比如，行医要有医德（见图 2-2），执教要有师德，从艺要有艺德，等等。

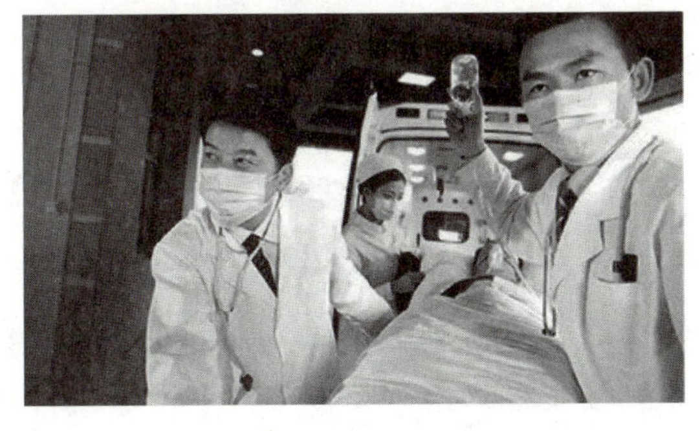

图 2-2 医生救死扶伤

（二）实用性

职业道德是根据职业活动的具体要求，以条例、章程、守则、制度等形式对人们在职业活动中的行为做出的规定。这些规定具有很强的针对性和可操作性，明确了允许做什么、不允许做什么及允许怎样做、不允许怎样做，简单明了，具体且实用。

（三）广泛性

只要有职业活动，就能体现一定的职业道德，可以说，职业道德是职业活动的直接产

物，职业道德渗透在职业活动的各个领域。职业道德比一般道德更直接地反映着社会的道德水准和道德风貌。

（四）时代性

职业道德是人类在长期的职业活动中总结、提炼出来的，虽然不同时代的职业道德有许多相同的内容，但随着职业活动内涵的变化，职业道德也在不断地发展。每一个时期的职业道德，都从一个侧面反映了当时社会道德的现实状况，在一定程度上贯穿和体现着当时社会道德的普遍要求，具有时代特征。

（五）约束性

职业道德是在长期的实践中产生并形成的，对于所有加入这个职业的从业者来说，就具有行为上的约束性，制约着从业者的劳动方式和态度，而这种约束主要体现为自律。

（六）调节性

职业道德不仅可以调节企业内部的员工之间的关系，加强企业内部的凝聚力，还可以调节从业者与服务对象之间的关系，以此来塑造本行业从业者的职业形象（见图 2-3）。

图 2-3　各行各业从业者的职业形象

道德故事

有位老锁匠技艺高超，修锁无数，收费合理。更主要的是老锁匠为人正直，每修一把锁都告诉别人他的姓名和地址，并说："如果你家发生了盗窃，只要是用钥匙打开了你的家门，你就来找我！"因此，人们都非常尊敬他。多年后，老锁匠老了，为了不让他的手艺失传，他挑选了两个年轻人，要把他这门手艺传给其中一个。

跟着老锁匠学习了一段时间后，两个年轻人都学会了很多东西。老锁匠决定对他们进行一次考试，于是准备了两个保险柜，分别放在两个房子里。老锁匠告诉这两个徒弟："你们谁打开保险柜用的时间短谁就是胜者。"结果大徒弟只用了不到10 分钟就打开了保险柜，而二徒弟用了 20 分钟。老锁匠问这两个徒弟："保险柜里有什么？"大徒弟抢先说："师傅，里面放了好多钱，都是百元大票，估计有好几万元呢。"师傅看了看二徒弟，二徒弟支吾了半天说："师傅，您只让我打开锁，我就打开了锁，我看见里面放有东西，但没注意是什么。"

老锁匠十分高兴，郑重宣布二徒弟为他的接班人。大徒弟不服，众人不解。老锁匠微微一笑说："不管干什么工作，都要讲究底线，尤其是我们这一行，要有更高

的职业道德。我收徒弟除了要求他开锁技能水平高，更重要的是要做到心中只有锁而无其他，对钱财视而不见。否则，心中稍有杂念和贪心，登门入室或打开保险柜取钱易如反掌，最终只能害人害己。”

老锁匠最后对大徒弟说：“每个人心中都要有一把不能打开的锁。”大徒弟惭愧地低下了头，悄无声息地从人群中走开了。

老锁匠的故事告诉我们，在每一个锁匠心中都要有一把不能打开的锁，这把锁就是职业道德。对于我们中职学生来说，不管从事什么职业都要有职业底线，遵守职业道德，守护好心中这把不能打开的“锁”（见图 2-4）。

图 2-4　不能打开的“锁”

三、职业道德对个人成才的重要性

职业道德对个人的成才和发展有着重要的意义和决定性的作用。曾有人说过，一个人的成功，只有 15%归结于他的专业知识，还有 85%归于他表达的思想、领导他人及唤起他人热情的能力，而这种能力正是以优良的品德为前提的。职业道德是个人综合素质的重要组成部分，也是每个从业者自我实现的重要保证。

随着社会的不断发展，整个社会对各类从业人员的观念、职业态度、职业技能、职业纪律和职业作风的要求越来越高。提高自己的职业道德素养，既是社会的需要，也是个人成才的内在需要。社会主义建设事业需要数以亿计的高素质劳动者、数以千万计的专门人才和一大批拔尖创新人才，并且绝大多数企业都十分注重员工的职业道德素质，把人品、敬业、责任感作为聘用员工的先决条件。对于中职学生来说，加强职业道德教育，有利于形成良好的职业道德素养，培养自身追求卓越、精益求精的职业精神，使中职学生成为社会需要的合格人才。

道德故事

在西方，面包有上百年的历史，以面包为主食的烘焙食品是人们的日常主食。照理说，做面包应该是西方人的强项，但是中国的一个“95 后”小伙儿不服输，他就是第 44 届世界技能大赛烘焙项目的金牌获得者——中国选手蔡某。

2012 年 7 月，初中毕业的蔡某选择进入一家著名的烘焙学校学习，仅仅一年，他就修完了全部课程。毕业后，蔡某在老师的鼓励下，走进了技能学习的赛场，最初只是为了打磨自己的技能，不料想，从省赛到国赛，蔡某均脱颖而出，最后代表中国参加了第 44 届世界技能大赛。

在准备世赛的训练过程中，蔡某说：“虽然训练很艰苦，但是每天都能够确认自己在进步，这种累并充实的感觉很好。”经过反复的训练和打磨，除了技能方面得到了迅速的提升，蔡某对职业道德素养也有了不一样的认识。“教练最常说的一

句话就是‘要细心对待每一个产品’，这要求我们尽全力去学习，充分发挥实力。我要求自己在赛场上不抱有任何侥幸心理，要尊重竞赛规则，用良好的职业道德素养和稳定的发挥应对比赛。”蔡某说。

“注重细节”是蔡某在学习训练中的最大收获。每一毫克的原料用量、每一抹奶油的装裱位置，都是每一个产品的重要组成部分。这名小伙子深知“注重细节”不仅仅是对于比赛而言，更是应当作为一种职业习惯陪伴自己终身。对于世界技能大赛烘焙项目，蔡某也有自己的理解，那就是要把每个面包都当成一件艺术品去精心构思和创作。

2017 年 10 月 15 日，第 44 届技能大赛在阿联酋阿布扎比正式开赛。蔡某作为中国烘焙选手正式亮相国际舞台。一开始，中国选手几乎无人关注。但仅仅一个比赛模块之后，蔡某的工作台前就聚集了许多观众和媒体。蔡某为这次大赛创作的艺术面包的主题是“蔚蓝的海洋”，经过 4 天 16 小时的精心制作，他凭借完美的表现战胜了来自不同国家的竞争对手，最终摘取了这枚金牌。

实践活动 “采访普通劳动者”主题活动

没有环卫工人，哪有干净整洁的街道；没有安保人员，哪有小区的祥和平安；没有快递员，哪能方便、快捷地网上购物……每一座城市的美丽，都离不开基层劳动者辛勤的汗水和无私的付出。干任何一种工作，只要为社会创造价值，服务于人民，就是光荣的，只要是劳动者，就该得到认可和尊重。

请以小组（8～10 人）为单位组织一次“采访普通劳动者”主题活动，自行选择劳动者群体，采访他们，了解他们的日常工作情况，体验他们的工作过程。要求自行设计采访提纲（包括采访目的、采访时间、采访地点、采访对象、采访问题等），采访问题应包括职业道德、职业技能、职业要求、职业前景等方面。例如，您认为这份工作最需要的职业道德品质是什么？用短视频的形式记录采访活动过程。

过程记录

采访活动的计划：

采访活动的关键点：

采访活动的难点及解决方案：

心得体会：

活动评价

教师可参考表 2-1 对各小组在“采访普通劳动者”主题活动中的表现进行评价。

表 2-1　“采访普通劳动者”主题活动各小组表现评价表

评价标准	分值	分数小计	教师评价
各成员均积极参与	25 分		
采访提纲设计完善	25 分		
采访内容贴近实际，同学们加深了对职业道德的理解	25 分		
短视频主题突出，流畅、清晰	25 分		

专题二 强化意识，提升职业道德

透视生活

短短几年时间里，中国高速铁路列车立足自主创新实现了由“追赶者”到“领跑者”的伟大跨越。在这场跨越中，技术工人是当仁不让的主角。

中车长春轨道客车股份有限公司（见图 2-5）铁路车辆装调工、高级技师罗某荣获国家科学技术进步三等奖，这是中国高铁领域第一次一线工人荣获国家科学进步奖。多年来，罗某身体力行地践行了敬业、创新的工匠精神，他在机床厂工作中踏实勤干，成为厂里多套引进设备最熟练的维修工；他在铁路车辆调试作业中主动创新，提升工作效率，完成了跨领域、跨工种、跨部门的创新创造。工作 29 年，罗某共完成 17 项实用新型专利，申报 15 项国家专利，累计完成千项发明专利，为企业节约成本近千万元。

罗某对工作的热爱、专注，对产品的精雕细琢、精益求精，是一种情怀，一种执着，一份坚守，一份责任。“国家科技进步奖”“全国五一劳动奖章”“中华技能大奖”“高铁工匠”“全国技术能手”……对于罗某来说，眼前的种种荣誉只是对不同人生阶段的短暂肯定。未来他将带领自己的团队在高铁生产一线继续精耕细作，不断攀越高峰，永不止步。

图 2-5 中车长春轨道客车股份有限公司

一、职业道德的主要内容

（一）爱岗敬业，立足本职

图 2-6 爱岗敬业

爱岗敬业（见图 2-6）是所有职业对从业人员的基本要求，是职业道德的基础与核心。爱岗，就是对自己所从事的职业岗位具有高度的珍视与热爱之情；敬业，就是以极端负责的态度对待自己的工作。

在当今社会，职业不仅是个人谋生的手段，也是个人发挥才干、创造价值的舞台。“爱岗敬业”是决定事业成败和成就大小的关键因素。一个人只有爱岗敬业，才能认真负责地做好自己的本职工作，才能获得更多的发展机会、更大的发展空间，进而精益求精、勇于创造，为社会做出更大的贡献。而那种在岗位上得过且过、在任务面前拈轻怕重、在利益面前斤斤计较、出了问题敷衍塞责的人，注定是做不成大事的。

对于个人来说，爱岗敬业可以提高工作效率，增强综合竞争力；对于集体来说，如果人人都能做到爱岗敬业，那么就能营造一种奋发向上的氛围，从而使整个团体更好更快地发展；对于社会来说，爱岗敬业有助于形成良好的社会风气，从而推动社会的全面进步。

爱岗敬业不仅要做到乐业、勤业、精业，还要有干一行、爱一行、专一行的工作态度。

1. 乐业、勤业、精业

乐业，就是对所从事的工作有着浓厚的兴趣，发自内心地热爱自己的工作，并能从中挖掘出乐趣，激发出强烈的崇敬感和自豪感，树立起神圣的事业心和责任心，保持积极向上的工作热情。

勤业，就是对待工作要有忠于职守的责任心、认真负责的态度和刻苦勤奋的精神。

精业是爱岗敬业的深度表现。要做到精业，必须不断学习，以发展自己和服务企业的职业技能，不断提高自己的工作技能水平。在工作中要做到精益求精（见图 2-7），追求卓越，不断创新，争创一流。

图 2-7　精益求精对待工作

乐业、勤业、精业是职业道德的基本要求，三者相辅相成，相得益彰。乐业是爱岗敬业的前提，是一种良好的职业情感；勤业是爱岗敬业的体现，是一种优秀的工作态度；精业是爱岗敬业的升华，是一种高超的岗位能力。无论从事哪种工作，只要自觉做到乐业、勤业、精业，自觉遵守职业道德规范，事业都将会蒸蒸日上，未来都将会无比美好。

2. 干一行、爱一行、专一行

不论走上哪个工作岗位，我们对工作都要持干一行、爱一行、专一行的态度，它要求我们对待工作不仅要认真负责，更要保持热爱与专注。中职学生要想做出一番事业，就要积极培养干一行、爱一行、专一行的职业态度。

在市场经济条件下，我国实行求职者与用人单位双向选择的就业方式。这样能使更多的人从事自己感兴趣的工作，用人单位也更容易挑到合适的人才。我们提倡干一行、爱一行、专一行，并不是要求人们终身只干一行，只爱一行；而是要求工作者通过本职工作，在一定程度和范围内做到全面发展，不断学习新知识，努力成为多面手。

作为中职学生，以后走上工作岗位后，要在工作中不断充实自己，在学中干，在干中学，提高职业素养，补齐工作短板，真正做到干一行、爱一行、专一行。

（二）诚实守信，办事公道

1. 诚实守信

诚实是指忠诚正直，言行一致，表里如一。守信是指信守诺言，讲信誉，重信用，忠实履行自己的职责。诚实守信是职业道德的根本，是从业人员不可缺少的道德品质，也是做人的准则。

诚实守信是中华民族的传统美德，现代社会更是把诚信作为选人、用人的重要条件。从业人员必须诚实劳动，遵守契约，言而有信，才能在市场经济的大潮中立于不败之地，否则将失去人们的信任，失去社会的支持，失去发展的机遇。

俗话说：“精诚所至，金石为开。”真诚是打开人们心灵的神奇钥匙。在人际交往中，只有诚信待人，才能赢得别人的信任，才能与人建立和保持友好的关系。作为中职学生，从现在起就要开始树立“言而有信，无信不立”的观念，养成诚实守信的好习惯。

2. 办事公道

办事公道是指在职业活动中要做到公平公正（见图 2-8），不谋私利，不徇私情，不假公济私。也就是说，做事要讲原则，不管对人对己都要坚持实事求是，站在公正的立场上，按照同一标准办事。

图 2-8　公平公正

办事公道是企业正常运行的基本保障。在现代市场经济条件下，企业要遵守市场规则，公平竞争，在发生纠纷时，要依法、公正地予以处理。公平公正有利于树立良好的企业形象，抵制不正之风，遏制职业腐败。

要做到办事公道，坚持原则，不徇私情，肯定会承受来自各个方面的压力和各种干扰。我们要采取灵活策略，不计较个人得失，不怕权势。

（三）服务群众，奉献社会

服务群众是指在职业活动中一切以群众利益为出发点，时刻为群众着想，急群众之所急，忧群众之所忧。奉献社会是指在自己的工作岗位上发扬奉献社会的职业精神，努力为社会、为工作做贡献。它是社会主义道德的最高要求。

服务群众是为人民服务思想在职业活动中的具体体现，它表现了社会主义职业活动的目的。服务群众（见图 2-9）并不仅仅是对领导干部的要求，不管你从事什么工作，都能够在本职岗位上通过不同形式为人民服务。比如，先公后私、尽职尽责、诚实劳动是为人民服务；为维持生活，利用一技之长好好工作，守法经营，也是为人民服务。

图 2-9　服务群众

奉献社会是一种忘我的全身心投入精神。要做到奉献社会，首先，要坚持把公众利益、

社会效益摆在第一位；其次，要处理好“义”和“利”的关系，处理好社会效益和经济效益的关系，处理好个人利益和集体利益的关系，以达到把奉献社会的职业道德规范落到实处的目的。

1．增强热情服务、无私奉献的意识

要增强热情服务、无私奉献的意识，就要认识到：职业的本质就是为人民服务，为国家、为社会做贡献；职业有分工不同，但没有高低贵贱之分。扎实的专业理论知识、娴熟的技术、过硬的综合素质，是服务群众、奉献社会的根本。中职学生要从自身做起，从身边小事做起，学好文化基础和专业理论知识，苦练专业技能，增强热情服务、无私奉献的意识，提高服务和奉献的本领。

2．抵制职业腐败，增强廉洁意识

现实生活中，每个从业者都想在市场竞争中占得先机，于是，各种各样的不当竞争手段便随之产生，职业腐败就是其中的一种，如医生收受病人红包、财会人员做假账等。有些人把职权作为一种可以滥用并牟取私利的特权，背离了“服务群众，奉献社会”的道德要求。

图 2-10　反腐倡廉

职业腐败损害了行业形象和声誉，降低了行业威信和地位，影响了行业的健康发展；职业腐败造成了社会财富的浪费，破坏了社会生产力，影响了社会经济的发展；职业腐败践踏了职业道德规范，破坏了市场经济秩序，侵蚀了从业者的工作激情和服务热情，败坏了社会风气。

中职学生要认清职业腐败的严重危害和反腐倡廉（见图 2-10）的积极意义，自觉抵制职业腐败，增强廉洁意识；要树立远大的职业理想，在服务和奉献中实现自己的人生追求；要树立正确的人生观、价值观和世界观，提高明辨是非的能力；要增强法治意识，依法办事，远离违法犯罪，勇于同各种腐败现象做斗争。

道德故事

王某走邮路

1984 年，年仅 19 岁的王某从赶了 30 年马班邮路的父亲手中接过马缰绳，从此开始了自己半辈子与马为伴的生活。

刚开始穿上绿色制服走上邮路的王某很是高兴，他觉得这份工作很好，但是走了一段时间就有点想打退堂鼓了，因为在大山里真的很孤独和寂寞。可当他想到父亲把马缰绳交给他时的嘱托，想到邮路上的父老乡亲收到信时的那一张张笑脸，王某觉得，自己哪怕再苦再累也值得了。就这样，他坚持了下来，这一坚持，就是 30 年。

王某（见图 2-11）负责的邮路要翻越十几座海拔从 1 000 米到 5 000 米的高山。从气温零下十几度的察尔瓦山到四十多度的雅砻江河谷，从野兽出没的原始森林到随处可见的险峻沟壑，从“一身雪”到“一身汗”……这样的行程，他每个月要往返两次，每次 14 到 15 天，一年的路程相当于走两万五千里长征。由于山上夏季多

雨，冬季干燥易引起火灾，王某很少生火，饿了就啃几口糌粑面和腊肉，渴了就灌几口山泉水，几乎吃不上热乎的饭菜。山洞里、草丛中、大树下皆是他的栖息之所，暴雨、泥石流等自然灾害和豺狼、野猪等猛兽是他行程中的“亲密伙伴”……

图 2-11　邮路上的王某

按照规定，乡邮员只需把邮件送到乡政府即可，但王某却总是坚持把邮件直接送到每个收件人的手中，即使多绕几圈路，王某也总是心甘情愿。有些乡亲不知道寄邮件是需要邮资的，王某每次都是一声不响地收下邮件，回到县城后再自己掏钱贴上邮票或付上邮费，把它们寄出去。作为一名中国共产党党员，王某提到最多的就是“党组织”和“为人民服务”，2019 年王某获“最美奋斗者”称号。

如今，年过半百的王某虽然已经无法再奋斗在邮件投递的第一线，但却仍在邮政岗位上勤奋耕耘。现在的他主要负责木里县邮政分公司的党建工作，致力于将马班邮路精神更好地传承下去。

王某工作条件艰苦，却依旧无私奉献群众，不求回报。

作为中职学生，我们要学习王某这种不怕苦、不怕累、服务群众、无私奉献的职业精神，并在今后的学校实习与工作中践行下去。

二、强化职业道德意识

职业道德不是一个空泛的概念，它最终要落实到人的职业活动中，通过职业道德行为表现出来。中职学生需要自觉培养和强化职业道德意识。培养和强化职业道德意识需要把职业特点与知荣知耻结合起来，树立“以爱岗敬业为荣，以玩忽职守为耻”“以诚实守信为荣，以见利忘义为耻”“以服务群众为荣，以背离群众为耻”的观念。具体来说，强化职业道德意识的途径包括以下几种：

首先，需要学习职业道德的相关知识。职业道德不是强加给我们的纪律，它的背后包含着深刻的人生价值观和坚实的理论支撑，只有加强对职业道德知识的学习和理解，才能够真正懂得职业道德规范背后的道理，真正认同职业道德的意义，从而提高职业道德意识，

形成职业道德信念，增强培养职业道德的自觉性和积极性。

其次，要有意识地在日常生活中培养自己的职业道德习惯。习惯一旦养成，它的力量是很强大的，养成良好的道德习惯，就容易做出正确的道德选择。因此，中职学生应当从小事做起，在日常生活中严守规范，养成遵守职业道德的习惯。

最后，要在职业活动中进行培养和强化。中职学生需要进行实习训练，通过实践，学生可以理论联系实际，在不断学习职业技能的同时，一点一滴地养成良好的职业习惯，强化职业道德意识。

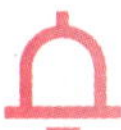

道德故事

医生是一份既普通又不普通的职业。

差不多100年前，协和医学院招生的人数很少，其中有一个考场设在上海，福建的一个小女孩一心要当医生，于是去上海参加考试。最后一科是考英文。协和医学院对英文要求极高，她刚答了几笔，突然考场里的一个女生晕倒了，被抬了出去，没想到这个考生放弃了自己的考试，出去救助这个女生，等她完成救助后，考试已经结束了。她没有任何怨言地走了。但是监考的老师看到了这个过程，并写信给协和医学院讲述了这个过程，协和医学院调看了她前几科的成绩，最后决定招录她。这是因为她拥有当一个好医生没法教但却最重要的一个“德行”——“宁可牺牲自己，也要照料别人”。

还有一位医生叫华某，他是“感动中国”的获奖者，他获奖是因为他的仁心仁术，他的同事讲过关于他的一件事：他自当医生开始，每天早上查房之前，都要先把听诊器放在自己的肚子上捂热才进病房，他一辈子没让患者遇到过一次凉的听诊器。

这两个故事都与医学技能和治疗本身无关，但是谁能说这不是种更宏观的治疗呢？这就要回到医德上了。每一个医生都是普通人，他们也有喜怒哀乐，有“柴米油盐酱醋茶”，有自己的委屈，有自己的心理问题，有自己的挣扎和抱怨；但是另一方面，由于他们的工作是面对别人的生老病死，他就天然地具有了某种超脱的属性。有一位医生叫特鲁多，他的墓碑上刻了三行字：“偶尔去治愈，经常去帮助，总是在抚慰”，这就是医德的精髓。

实践活动　“诚信”主题辩论赛

诚实守信是中华民族的传统美德，俗话说：“言必信，行必果。”但是，也有一种观点是：“生活中需要善意的谎言。”请从以下两个辩题中任选其一开展辩论赛。

辩论题目：

（1）正方：百分之百的诚信才是诚信。反方：诚信是可以打折扣的。

（2）正方：诚信做人会吃亏。反方：诚信做人不会吃亏。

将班里所有的学生分成四组，每组选出一个组长和四个辩手，由组长抽签决定正反方，四组按正反方依次开展两场辩论赛，未参与当场辩论赛的其他组成员为观众，由他们投票选出获胜组。辩论赛开始前组长、辩手和组员要积极讨论，提出观点，并准备辩论赛的资料。

过程记录

活动开展计划：

活动开展关键点：

材料准备的难点及解决方案：

心得体会：

活动评价

教师可参考表 2-2 对各小组在“诚信”主题辩论赛中的表现进行评价。

表 2-2　“诚信”主题辩论赛各小组表现评价表

评价标准	分值	分数小计	教师评价
各成员均积极参与讨论和准备工作	25 分		
辩论材料准备充分	25 分		
辩论论据充分，逻辑合理	25 分		
辩手语言流畅、有气势，辩论方法得当	15 分		
辩论赛获胜	5 分		
投票时公平公正，不作弊	5 分		

专题三　脚踏实地，弘扬劳模精神

透视生活

从一名农民工成长为新时代的电力建设者，从一名学徒工成长为全国技术能手、全国劳动模范，并成立劳模工作室，山西省电力建设二公司的高压焊工贾某感到自己是如此的幸运和幸福。他说："是技术改变了我的人生，让我确立了人生的坐标。"

从走上焊接岗位那天起，勤学苦练、钻研技术几乎成了贾某生活的全部内容。走进车间，他的眼里只装得下焊口，哪管飞溅出的铁水（见图 2-12）在他的双手、胳膊和大腿上烫出豆大的水泡。其他人往往需要 10 年时间，而他仅用 3 年时间就成为高级焊工，更在 2012 年全国焊工决赛中一举夺冠。13 年来，他累计完成高压焊口 6 万多道，相当于一个人完成了一座 50 万机组高压焊口焊接工作，焊口一次受检合格率达 100%，优良率达 99%以上。

回顾自己的经历，贾某说："希望广大青年朋友，都能立足本职，学一门技术、练一手绝活，挑起企业技术进步和创新的重担。"成功没有捷径，梦想的绽放总是浸透着奋斗的汗水。

图 2-12　飞溅出的铁水

议一议

结合上述案例，各抒己见，谈一谈怎样才能在平凡岗位上做出不平凡的业绩。

一、劳动精神和劳模精神的内涵

（一）劳动精神的内涵

劳动精神是关于劳动的理念认知和行为实践的集中体现，在理念认知上表现为各社会成员科学劳动、体面劳动和热爱劳动；在行业实践上表现为劳动者辛勤劳动、诚实劳动和创造性劳动。劳动精神是每一位劳动者为创造美好生活而在劳动过程秉持的劳动态度、劳动理念及其展现出的劳动精神风貌。

（二）劳模精神的内涵

劳模精神是一种人文精神，代表的是一个时代的价值观、道德观，展示的是中华民族顽强拼搏、自强不息的崇高品格和与时俱进、开拓创新的精神风貌。

劳模精神是社会主义核心价值体系的重要组成部分，包含着热爱劳动、追求知识、渴望成才、努力创造的价值取向。

劳模是劳模精神和时代新风的承载者和实践者。时代新风是对以劳模群体为代表的时代先锋的风尚概括，是一种凝结劳模精神的价值导向。随着时代的发展，劳模被赋予了越来越多的时代内涵和元素。但无论社会怎么发展，劳模精神的核心——爱岗敬业、争创一流、艰苦奋斗、勇于创新、淡泊名利、甘于奉献的精神始终没有改变。

1．爱岗敬业

爱岗敬业是劳模精神的基础。热爱本职工作，对待工作勤勤恳恳、兢兢业业、一丝不苟、认真负责是对爱岗敬业精神的完美诠释。

2．争创一流

争创一流是劳模精神的精华。争创一流即追求一流的技术水平，干出一流的工作业绩，达到一流的工作效率。一代代劳模在自己所钻研的领域内争创一流，正是这种工作态度使他们在众多劳动者中脱颖而出，做出了非凡的成绩。

3．艰苦奋斗

艰苦奋斗是劳模精神的本质。艰苦奋斗是中华民族的优良传统，也是劳模精神的根本内涵。劳模之所以能够成为劳模，最根本的是依靠艰苦奋斗创造出了不平凡的业绩。所有“奋斗”都是艰辛的，没有艰辛就不是真正的奋斗。

4．勇于创新

勇于创新是劳模精神的核心。勇于创新的精神即运用已有的知识、信息、技能和方法进行发明创造、改革、革新的意志、勇气和智慧。创新精神是一个国家和民族发展的不竭动力，也是推动人类文明不断向前发展的重要力量。

5．淡泊名利

淡泊名利是劳模精神的灵魂。淡泊名利是一种境界，追逐名利是一种贪欲。新时代的劳模不会只看重眼前的利益，而是会心怀大志、心无杂念，用纯粹的心投入所从事的事业中。

6．甘于奉献

甘于奉献是劳模精神的底色。奉献是一种态度，是一种行动，也是一种信念。一代代劳模在自己的岗位上用劳动为祖国和人民奉献一切，在奉献中实现自己的人生价值，体现了无私奉献的优秀品质和报效祖国、服务人民的崇高追求。

劳模精神是对劳动者全方位的要求，爱岗敬业是本分，争创一流是追求，艰苦奋斗是作风，勇于创新是使命，淡泊名利是境界，甘于奉献是修为。做一个守本分、有追求、讲作风、担使命、有境界、有修为的劳动者，是每一位劳动者应该追求的目标。

道德故事

深夜收到客户发来的一连串购房疑问后，张某连夜做了一份 20 页的置业报告发给了对方。报告里包含客户需求、选房范围、房屋基本信息、商圈情况、小区均价、房源税费明细、首付月供等信息，最后还有安心服务承诺、交易流程图、税费计算资料，以及首套、二套政策等交易资料。客户的评价是："专业、靠谱、用心，买房就找你了。"

毕业于北京××大学金属材料专业的张某，在大学时就申请过国家发明专利，按照大多数人的想法，他应该搞科研或进名企，然而，他最终进入了房地产服务行业。

在传统认知里，房产经纪人只是掌握了大量房产信息，然后撮合交易。但张某的自我定位是高水平、职业化的价值提供者。

2018 年，张某开了人生第一个买卖单，卖出了一套价值 1 450 万元的房子。那天晚上十一点半，他坐在工位上研究楼盘资料，进来一对夫妻，说"这个小伙子挺拼"。"我当时做销售新房的准备工作做得特别充分，就等客户来咨询了。我跟他们讲了北京市场、局部市场和开发商最新的楼盘，讲区域、小区、卖点、产品。"张某说。那天他和客户初步建立了信任，之后张某带他们看了很多新房，到最后在两个楼盘之间犹豫，这个时候他就像朋友一样帮客户做疏导，推心置腹地跟他们一起商量解决方案。

"我们的服务是有温度的，我对自己的定义是一个能提供多线价值的服务者。"张某说。除了温度，更重要的是尊严，而尊严必须通过提供专业的服务和秉持真诚的态度才能获得。2019 年 10 月，张某从近 30 万名经纪人中脱颖而出，被公司邀请参加一年一度的荣誉表彰庆典。

有人说，当工人太辛苦，当中介太不体面……实际上，作为中职学生，要认识到真正决定一份工作贵贱的，是我们对它的看法和态度。每个行业都有出色的人，他们都有一些共同的特点，那就是他们坚持把本职工作做好、做精，他们追求自身成长，追求工作的成就感和价值感，他们是这个时代的创造者，值得我们所有人学习和尊敬。

二、弘扬劳动精神和劳模精神的意义

（一）弘扬劳动精神的意义

弘扬劳动精神的意义主要包括以下两个方面。一是有助于激发新时代工人阶级的精气神，团结、引领广大职工争做新时代的奋斗者，推进实施人才强国战略、创新驱动战略、制造强国战略，为实现中华民族伟大复兴的中国梦汇聚磅礴奋进力量。二是有助于引导广大职工群众树立辛勤劳动、诚实劳动、创造性劳动的理念，进一步焕发劳动热情，释放创造潜能，通过劳动创造更加美好的生活，在全社会唱响"劳动最光荣，劳动最崇高，劳动

最伟大，劳动最美丽”（见图 2-13）的时代最强音。

图 2-13　劳动最光荣

（二）弘扬劳模精神的意义

弘扬劳模精神，就是要在全社会范围内广泛宣传劳动模范和先进工作者的先进事迹、优秀品质、高尚精神，给他们应有的荣耀和地位，推动全社会进一步尊重劳模、关心劳模、学习劳模，让劳模成为更多人的精神偶像，让劳模精神随着时代的发展而发展，成为引领时代的价值取向。

大力弘扬劳模精神，有助于引导广大劳动者不断提升思想道德素质和科学文化素质，提高劳动能力和劳动水平，不断为中国精神注入新能量，对团结、动员广大群众克服前进中的各种艰难险阻，奋力夺取全面建成小康社会新胜利，实现中华民族的伟大复兴，具有重大的现实意义和深远的历史意义。

劳模精神永不过时

大力弘扬劳模精神，将社会主义核心价值观注入劳模精神，引领越来越多的人自觉地向劳模学习，向劳模看齐，以实际行动践行劳模精神，有助于推动培育和践行社会主义核心价值观，能够最大限度地凝聚人民群众共同践行社会主义核心价值观。

大力弘扬劳模精神，用劳模的优秀品质引领社会风尚，有助于充分发挥劳模的骨干和带头作用，推动全社会形成崇尚劳模、争当劳模、关爱劳模的良好风气。

劳模故事

捡拾垃圾，清扫路面，只为守护城市“净土”，他们被称为“城市的美容师”（见图 2-14）。傅某是杭州市下城区的一名普通环卫工人，负责新华路等主干道和东清巷这些次干道的清扫工作。2014 年，傅某被评为浙江省优秀城市美容师。

傅某在环卫一线岗位上工作了快 30 年，他有一个相处了 10 多年的“老伙计”——一辆老式自行车，这辆自行车的车篮就是垃圾箱。清扫时，他会随身携带一把火钳，但凡进入视野的垃圾，他都会

图 2-14　城市美容师——环卫工人

捡起来扔进垃圾箱。"骑自行车方便、安全，也便于捡垃圾，骑电瓶车不太方便。"傅某说。除了满足上级的清扫要求外，傅某对自己还有更高的要求，例如，他要求垃圾桶跟烟灰缸每天要清洗两次，夹缝也要处理干净。傅某是大班长，他干的活多，操的心也多。有一次遇上暴雪天，傅某忙着清理街道，三天三夜没回家。傅某说："我是大班长，多做一点不要紧的。"

下城区建北环卫所所长杨某说，傅某平时干活像老黄牛一样，加班、加点带头干，在任何时候他都能挺身而出，同事们对他很服气，都称他为劳模。虽工作条件艰苦，但傅某对工作的态度极其认真、勤恳。

作为中职学生，我们在今后的工作中也要发扬不怕苦、不怕累的劳模精神，秉持勤恳的态度，高标准、高要求地对待工作。

实践活动　演绎劳模故事，传承劳模精神

2020年年初，一场突如其来的新冠肺炎疫情肆虐全国，举国上下万众一心，众志成城抗击疫情。在这场疫情防控阻击战中，医护人员等"战士"冲锋在前，在人民与病毒之间砌起高墙；纺织、保障供应等行业的工作者"战斗"在后，他们立足岗位，以行动支援前线……每个时代都有每个时代的劳模，他们分布在各行各业中，艰苦创业、无私奉献、勇于创新是不同时代劳模身上共同具有的烙印，虽各有特点，但都以自己的劳模精神激励着一代又一代劳动者为祖国的繁荣富强而拼搏。

请以小组（8～10人）为单位，围绕各行各业的劳模事迹举办"劳模故事小剧场"，演绎他们的故事，感受并颂扬他们所传递的劳模精神。演绎的形式可以有旁白、配乐、道具等。

过程记录

演绎的计划：

演绎的关键点：

演绎的难点及解决方案：

心得体会：

活动评价

教师可参考表 2-3 对学生在“演绎劳模故事，传承劳模精神”活动中的表现进行评价。

表 2-3 “演绎劳模故事，传承劳模精神”活动表现评价表

评价标准	分值	分数小计	教师评价
各成员均积极参与	25 分		
演绎的故事真实、典型，体现劳模精神和自身的感悟	25 分		
表演时语速适当，举止自然得体，精神饱满，适当运用手势、表情等辅助表达	25 分		
演绎效果好，富有较强的感染力	25 分		

第三讲

提升职业道德境界

03

新精神、新要求

良好的职业道德体现在执着坚守上，要有“望尽天涯路”的追求，耐得住“昨夜西风凋碧树”的清冷和“独上高楼”的寂寞，最后达到“蓦然回首，那人却在，灯火阑珊处”的领悟。

学习目标

- 认知：了解职业礼仪与职业道德的关系；认识职业礼仪对职业道德行为养成的作用。
- 领会：理解职业礼仪蕴含的道德意义；理解涵养职业道德的意义。
- 提高：掌握加强职业道德修养的基本方法。

专题一 规范自身，遵守职业礼仪

透视生活

最美逆行者——“白衣天使”在抗击疫情中尽职尽责、坚守岗位，不畏艰辛、不屈不挠，无私奉献、勇往直前，展现出了良好的职业道德和关爱生命的高尚情操，书写了艰苦奋斗、舍生忘死的动人篇章。俗话说：“三分医治，七分护理。”护理工作是非常重要的。“白衣天使”是抗疫一线的中坚力量，他们毫无怨言地承担起了抗疫责任，每天高强度地工作，常有人累倒在岗位上，但他们依然坚持，因为只有坚持，才能战胜疫情。

护士礼仪

护理工作不仅包括救治患者，还包括让患者感受到信心和力量。护理工作的性质要求“白衣天使”除了要有丰富的临床护理经验和过硬的操作技能外，还要注重职业礼仪，严格遵守护理行为规范。护士的职业礼仪（见图 3-1）包括仪表礼仪、举止礼仪、服饰礼仪和语言礼仪等，每种礼仪都有具体的规范要求，目的是通过言谈举止把护士们的美好心灵和对工作认真负责的态度展现出来，给患者留下美好的印象，从而给予患者安全感，并获得患者的信任和尊重。

护士的职业礼仪是完善护理程序、强化护士的责任感所不可缺少的要素，优雅的姿态融合了护士的内在美和外在美。遵守护士职业礼仪，可以展现良好的职业形象和职业风貌、展现新时代“白衣天使”的风采。

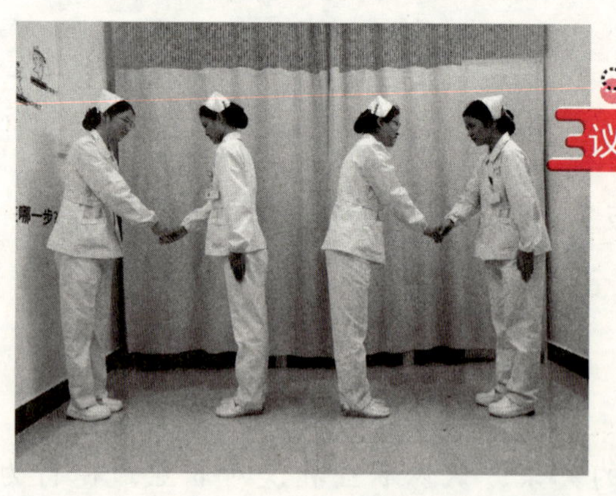

图 3-1 护士职业礼仪

议一议

结合所学专业与上述材料，说一说你对“人无礼，无以立”这句话的理解，并探讨遵守职业礼仪的重要意义。

一、职业礼仪

职业礼仪基本要求

（一）职业礼仪的内涵

职业礼仪是所有从事一定职业的人在职业活动中都应该遵循的行为准则和规范。职业礼仪不同于个人礼仪和交往礼仪之处就在于其具有鲜明的行业性，各行各业都有与本行业

相对应的职业礼仪规范和行为准则。

职业礼仪的基本要求如下：爱岗敬业，诚实守信，尽职尽责，服务优质，语言文明，仪态端庄。

（二）职业礼仪与职业道德的关系

职业礼仪与职业道德是互为表里、相得益彰的辩证统一关系。职业道德是职业礼仪的内在灵魂，职业礼仪是职业道德的外在表现，两者具体地统一在一个人的思想和行为中。

1. 职业道德对职业礼仪有指导作用

职业道德对职业礼仪起指导性的作用，职业礼仪是以职业道德为重要准则的。比如职业道德所提出的“敬”，对职业礼仪就具有指导作用。任何一种职业活动，都是为他人服务的，而为他人服务的基本前提就是要尊敬他人，即不仅要尊重自己的职业，谨慎、勤恳地工作，也要尊敬自己的服务对象，诚恳、认真地为他人服务。

2. 职业道德包含职业礼仪

职业礼仪所规定的仪容、仪态、语言的规范和准则，同时也是职业道德的规范和准则。在现实社会中，根据不同职业的特点，不同行业中形成了不同的职业礼仪规范和准则，它们都属于职业道德的内容。比如在工商行业要遵守商务礼仪，通过商务礼仪活动树立企业形象和产品形象。从业人员要实在、诚恳、文明、典雅；生产现场要整洁、规范、安全、有序；商务洽谈时要守时、真诚和宽容。在服务行业要遵守服务礼仪，服务礼仪是以服务人员的仪容、仪态、服饰、语言和岗位规范为基本内容，从业人员要热情待人，积极主动、热情耐心，谦虚恭谨等。这些职业礼仪都是不同行业职业道德的重要组成部分。

二、职业礼仪蕴含的道德意义

职业礼仪是从业者必须掌握的一门课程，它关系到从业者是否能够顺利开展工作。具有良好职业礼仪的员工不仅能给自身带来好的收益，更能给工作单位带来好的效益。

职业礼仪的运用不但能体现自身素质的高低，也能折射出其所在工作单位的文化水平和管理水准。职业礼仪不仅是对从业人员工作态度的要求，也是对从业人员人格的要求。从业人员应该从道德情感上对自己的工作负责，对被服务者负责。职业礼仪蕴含的道德意义，主要包括以下几个方面。

（1）职业礼仪作为一种职业行为规范，可以引导人们加强道德修养。

（2）职业礼仪作为职业道德的外在表现形式，可以体现从业人员的责任意识和态度，也可以展现人们的道德水平。

（3）职业礼仪作为实践性很强的道德规范，可以保证职业道德的实施。

分组讨论

“空姐”是人们对飞机上女乘务员的统称。“空姐”除了能飞遍祖国的大江南北，还能飞到世界上许多国家。她们的仪表形象、言谈举止、服务态度等，不仅代表着自身和航空公司，还代表着国家的形象。因此，具有较高的职业礼仪素

养对“空姐”来说是十分必要的。“空姐”应具备的职业礼仪素养包括亲和力、舒心的问候、雅洁的仪表、得体的语言和诚恳的态度。最重要的是要有微笑服务的意识和优雅自信的服务仪态，包括站姿、坐姿、走姿、捡拾和接待等仪态。

不同行业有不同的职业礼仪，说一说你所学专业的职业礼仪有哪些。

道德故事

小李的口头表达能力不错，对公司产品也很熟悉，人既朴实又勤快，在业务人员中学历又最高，老总对他抱有很大期望。可是小李做销售代表半年多了，业绩总是上不去。问题出在哪儿呢？

原来，小李是个不修边幅的人，双手拇指和食指总是留着长指甲，里面经常藏着很多污垢；他衬衣的衣领经常是酱黑色，有时候手上还记着电话号码；他喜欢吃煎饼卷大葱，吃完后，却不注意去除异味。所以大部分客户都不愿意与小李合作。有客户反映小李说话太快，经常没听懂或没听完客户的意见就急着发表自己的看法。小李确实是这样，说话比较急促，每天风风火火的，少有停下来的时候。

小李的问题就在于他不注重职业礼仪。其实人与人之间建立良好的关系就是从树立良好的形象开始的。在工作中最直接体现职业礼仪的就是个人的仪容仪表，一位注重职业礼仪的员工应该是精神抖擞、端庄大方、干净整洁的。不管长相有多好，服饰有多华贵，若满脸污垢，浑身异味，那必然会破坏一个人的美感，也会影响别人尤其是领导和客户对他的印象。

作为中职学生，在实习和以后工作中应该注重职业礼仪。首先，男士要注意头发不宜过长，前面头发不得遮住眼睛，侧面头发不得盖住耳朵；女士要发型得体，面部清爽。不管男士还是女士，都要保持手部清洁，定期修剪指甲，擦干净自己的鞋子。其次是服饰的选择，一般来说，应根据场合穿着适合的衣服，搭配得体为好。最后，要注重内在美，即通过努力学习，不断提高个人的文化艺术素养和思想道德水准，培养自己高雅的气质和美好的心灵，使自己德才兼备，表里如一。

三、职业礼仪对职业道德行为养成的作用

在工作中践行职业礼仪可以打破以自我为中心的意识，增强组织观念，有助于提高个人道德修养并养成职业道德行为。

首先，职业礼仪代表职业形象，了解、掌握并恰当地运用职业礼仪有助于完善和维护职业形象，良好的职业形象又有助于培养积极的心态，并逐渐将职业习惯内化于思想，促进职业道德行为的养成；其次，职业礼仪有助于强化文明行为、提高文明素质，践行职业礼仪的过程，能够增强个人自信，让从业者认同自己是个讲文明、有修养的人，同时，当从业人员对别人彬彬有礼时，大家自然会对其回馈好评，从而正向激励职业道德行为的养成。最后，践行职业礼仪可以提高工作热情。在实际工作中，如果大家都能够自觉践行职

业礼仪，那么就会有一个融洽的工作环境，大家也会保持愉悦的工作心情，从而大大提高工作热情，有助于养成爱岗敬业等职业道德行为。

道德故事

北京某学校的小刘毕业后在一家外企工作，这是他应聘的第一份工作。和求职中屡屡受挫的同学相比，他几乎算是一次成功，当别人向他讨教经验时，他说，细节决定成败的道理在应聘时也适用。

小刘应聘的单位是一家外国的保健品公司。当时，公司只招聘一位客服助理。为了顺利进入面试，小刘开始精心准备简历。他说，现在很多毕业生从网上下载简历，简历千篇一律，很容易被企业淘汰。为此，他准备简历时，结合应聘职位沟通能力要强的要求，强调自己性格开朗，尤其突出自己曾担任学校外联部部长等诸多细节，表明自己适合客服助理岗位。

一周后，小刘和 20 多名应聘者一道顺利通过简历筛选。复试时，他特意穿上整洁的衣服，提前半小时到达。复试由客服经理亲自主持，小刘刚开始很紧张，因为同与他一起前来应聘的同学相比，他的优势并不突出。当主考官让他介绍自己有什么特点时，小刘冷静下来，拿实例回答考官：他能够合理安排工作和学习时间，大三下学期的期末，他在完成社团工作的同时，顺利通过期末考试和英语六级考试；他具有很强的抗挫折能力……

面试完毕，小刘把椅子轻轻搬回原位。这时，主持面试的客服经理脸上产生了微妙的变化，并热情地跟小刘说再见。因为小刘较高的综合素质和注重职业礼仪的细节，他成为唯一被录用的应聘者。客服经理后来告诉他，面试时，考官会通过一些细节推断应聘者的特点，那天他不但没有迟到，还是应聘人员中唯一一个把椅子搬回原位的。这个小小举动决定了他最后的胜出。

细节决定成败，在面试过程中注重职业礼仪的细节可以帮助应聘者获得成功。

作为中职学生，不管是在实习中还是以后找工作，都应践行职业礼仪，注重礼仪细节，小小的举动体现的是职业道德修养，它能帮你取得成功。

实践活动　职业礼仪养成记

良好的职业礼仪有助于全面提高学生的综合素质，增强人际沟通能力，使学生在社会生活实践乃至今后的职业生涯中，树立良好的职业形象，增强职业竞争力。

请列举与你所学专业相关的职业礼仪，并制订对应的 21 天养成计划，按计划坚持每天打卡并拍照，同学们还可以互相拍照，互相纠错。完成计划后将打卡的照片制作成 PPT 或短视频，并总结坚持培养职业礼仪给自己带来的变化。

过程记录

列举要养成的职业礼仪：

职业礼仪养成计划：

总结培养职业礼仪给自己带来的变化：

活动评价

教师可参考表 3-1 对学生在“职业礼仪养成记”活动中的表现进行评价。

表 3-1　“职业礼仪养成记”活动学生表现评价表

评价标准	分值	分数小计	教师评价
养成的职业礼仪与所学专业相关	10 分		
制订的养成计划科学合理	10 分		
每天坚持“打卡”并拍照	30 分		
自身精神状态发生显著变化	30 分		
总结全面、贴合实际	10 分		
PPT 制作精美/视频剪辑精美	10 分		

专题二　提升境界，涵养职业道德

透视生活

共和国勋章获得者
——袁隆平

在我国，说起袁隆平，上至耄耋老人，下至几岁孩童，对这个名字都不陌生。袁隆平被誉为“杂交水稻之父”，他一生都致力于中国水稻种植事业，对中国杂交水稻和它背后维系的国家粮食安全怀有赤诚的初心，从过去到现在，从未改变。为了这个初心和使命，他从壮年奋斗到暮年，将自己对祖国的热忱，结成了一串串饱满的稻穗，向人民交出了漂亮的答卷。

为了让中国人吃饱饭，袁隆平数十年如一日地坚守在水稻种植的科研岗位上，他长期奔走在试验田的第一线（见图 3-2），即使已经到了颐养天年的年纪，他仍对祖国的水稻事业保持高度的热情。在他的带领下，他的科研团队取得了一个又一个举世瞩目的成绩。从第一期超级稻到第四期超级稻，以及每公顷产量 16 吨、17 吨和 18 吨攻关目标的实现，中国杂交水稻的研究水平始终领先于世界。

2019 年，袁隆平荣获“共和国勋章”。虽然国家荣誉加身，但袁隆平依旧不改他艰苦奋斗的工作作风。他不负这个伟大的时代，他担得起这些荣誉。新时代，我们要向袁隆平院士看齐，学习他对事业的热情，学习他对祖国发展永葆信心的政治信念，并将这份精神动力转换为实际行动力，为祖国建设贡献自己的薪火力量。

图 3-2　袁隆平在试验田的第一线

议一议

结合上述案例，谈一谈如何向职业道德楷模看齐。

一、加强职业道德修养的基本方法

（一）加强理论学习

1. 加强道德理论的学习

中职学生要认真学习中华民族的传统道德理论，汲取精华，并在实践中发扬光大；认真学习共产主义道德理论，理解马克思主义道德观、社会主义道德观等，用先进的道德理

论武装自己、教育自己，树立正确的道德观念；认真学习所学专业的职业道德理论，获取多方面的道德知识，为良好职业道德品质的形成、职业道德修养的培育奠定坚实的基础。

2. 加强职业道德规范的学习

职业道德规范是衡量职业活动中的善恶、指导职业道德行为、处理各种利益关系的标准，是社会道德在职业活动中的具体体现。它具体阐明了个人所从事的职业中什么是善，什么是恶，个人在职业活动中应该做什么，不应该做什么，正确回答了个人与他人、与集体、与国家利益之间的关系。要将职业道德规范转化成个人内心的信念，需要有一个自觉学习、接受教育的过程。因此，中职学生要加强与所学专业相关的职业道德规范的学习，提高遵守职业道德规范的自觉性，提升职业道德修养。

（二）在实践中磨炼

学习理论是重要的，但更重要的是将理论付诸实践。职业道德修养的形成与加强不是一蹴而就的，而是通过在实践中不断认识、不断提高和不断完善来实现的。中职学生需要在实习和以后的工作中，积极利用实践机会加强职业道德修养。通过实践，中职学生可以理论联系实际，在学习职业技能的过程中培养良好的职业道德修养。

（三）向优秀同行学习

优秀的同行和前辈具备他们所从事行业的职业道德所倡导的优秀品质，他们的经历和先进事迹能生动地体现职业道德的特点和要求，并从不同侧面把职业道德原则和职业道德规范具体化、形象化。中职学生学习优秀同行的先进思想和事迹，能够加深对职业道德规范的认识，进而快速提升职业道德修养。

（四）加强内省和慎独

内省就是要以职业道德规范为准则，以品德高尚的人为榜样，时时反省自己，做到少犯错误或不犯错误。慎独就是即使在没有外界监督的情况下，也不做对国家、对社会、对他人不道德的事情。中职学生应通过内省和慎独强化自己的职业道德意识，磨炼自己的职业道德意志，并在实践中把职业道德意识和意志转化为职业道德行为，提升自己的职业道德修养。

（五）要有执着的精神

职业道德修养的加强是一个循序渐进的过程，从业人员应把自己的职业当成一生的事业，并为之奋斗终生。对于中职学生来说，要提高自己的职业道德修养，就必须具有坚持不懈和执着追求的精神，在不断的学习和实践中努力提升职业能力，勇于追求职业理想，积极进取，永不止步。

道德故事

宋彪毕业于江苏省××技师学院机械工程系模具制造专业，在第 44 届世界技能大赛上，他获得了“工业机械装调”项目的冠军，并以全场最高分获得阿尔伯特维达尔奖。然而，宋彪在练就技能和选拔比赛的道路上，并不是一帆风顺的。

初中毕业时，宋彪没能考上心仪的高中，在父亲的鼓励下，他重新燃起了对知识的渴望。几经思考，他选择了去江苏省××技师学院就读，他相信，学好技能一样可以改变人生。

在学校，他全身心地投入专业知识和专业技能的学习中，还利用空余时间积极向老师请教。通过努力，他的技能水平得到了明显提升，并分别在2015年、2016年获得学院特等奖学金。在之后的学习中，他分别获得了恒力机械奖学金、托利多企业奖学金，同时又被评为学院三好学生。2016年6月，宋彪被学校选中参加第44届世界技能大赛学校选拔赛，当时正值暑假，他主动放弃假期休息，顶着40℃的高温在车间里训练，没有一句怨言。努力终有回报，宋彪凭借稳定的心理素质和全面过硬的技能，以第一名的成绩赢得了代表江苏省参加全国选拔赛的机会。

在备战训练中，他认真剖析自己与别人的差距、苦练基本功、锤炼心理素质，努力提升技能水平和综合素质。在世界技能大赛上，他和他的团队力求把每个环节都做得精准、完美。最终，通过自己和团队的共同努力，宋彪站在了世界技能大赛的最高领奖台，为国家争得了荣誉，为学校增添了光彩，也为自己找准了继续前进的方向！

二、涵养职业道德的意义

（一）有助于调节从业人员内部关系及其与服务对象之间的关系

职业道德不仅可以调节从业人员内部的关系，如职业道德规范约束某职业从业人员的内部行为，促进从业人员团结合作、互帮互助，也可以调节从业人员与服务对象之间的关系，如商业道德可以调节业务人员与客户之间的关系。

（二）有助于促进企业发展，提高行业信誉

一个企业和一个行业在公众眼中的形象，一般是由企业及其产品与服务决定的，而从业人员良好的职业道德水平是产品质量和服务质量的有效保证。职业道德一旦内化为从业人员的素质，外化为从业人员的行动，就能转化为强大的推动力，提高企业或行业的信誉度和影响力，从而在一定程度上提高企业和行业的竞争力，带来一定的经济效益和社会效益。

（三）有助于提高全社会的道德水平

职业道德是社会道德的重要内容，一方面，职业道德对从业人员的从业行为规范、从业态度、价值观念等提出了要求；另一方面，职业道德对一个职业集体，甚至一个行业全体人员的行为表现提出了要求，如果每个行业、每个职业集体的从业人员都具备优良的道德品质，那么整个社会的道德水平将得到有效提升。

道德故事

99.7分！2015年8月16日，在巴西圣保罗，小张以出人意料的高分，创造了世界技能大赛数控铣项目的最高得分纪录，并摘得桂冠。而在夺冠的背后，蕴含着小张夜以继日的心血付出。

小张出生于广东省普宁市，2011年，初中毕业的他走进了广东省××技师学院的校门，就读数控铣专业。去广州读书的前一晚，他和父母促膝谈心，确立了自己的志向："学习一技之长，决不再让父母操心。"

入学以后，贪玩的小张迫使自己变得沉默，专心埋头苦学。同学们做一遍的作业，他做两遍；舍友熬夜打牌闲聊，他熬夜打磨加工零件；平日里他只允许自己每天睡6个小时，其余时间不是在车间，便是在学校图书馆；他勤奋上进，努力刻苦，却从不张扬。对于自己的校园生活，小张用一句话概括："少说话，有空闲就多打基础。"

2012年，小张从省级选拔赛中脱颖而出，成功入选国家集训队。在北京集训时，小张向专家、教练及其他选手虚心请教，寻找自己的不足，并在专家和教练的指导下不断改进。集训2个月后，小张获得出战第43届世界技能大赛的宝贵名额。

出征前的备战冲刺阶段，小张展现出超乎寻常的毅力。他在车间没日没夜地训练，困了就在铣床边靠上10分钟。他严格执行专家和老师近乎苛刻的要求，并在力所能及的情况下给自己加码、施压，力求把每件产品做到完美，以高于世赛技术检测标准、高于世赛体能强度的要求去备战。

2015年8月4日，小张来到巴西圣保罗参赛，教练的激励和长期高强度的训练，让小张在赛场上游刃有余，经过精密测量仪的科学判定，小张的作品获得了99.7分，这是世赛数控铣项目有史以来的最高得分。

载誉归来后，经省政府特别批准，小张留校任教，被聘为高级技师，成为精英班教练。如今，他对人生有了新的追求——"我要用自己所学，帮助更多学弟学妹们铸就金牌人生！"

实践活动 学习职业道德榜样座谈会

榜样的力量是无穷的，每个人都应有自己崇尚的职业道德榜样。生活中那些爱岗敬业、自强不息、在平凡岗位上做出非凡业绩的劳动者和管理者都是我们应该尊崇的职业道德榜样。职业道德榜样与普通人之间的距离并不遥远，他们就在我们身边，需要我们去发现、去寻找、去学习。中职学生要学习职业道德榜样身上的品质，并把这些优良品质自觉落实到行动中，在日常生活中从小事做起，涵养职业道德，养成良好的职业道德习惯。

请以小组（8～10人为一组）为单位，寻找身边的职业道德榜样，可以是家人、朋友、学长、学姐等，邀请他们参加自己小组的职业道德榜样座谈会，分享他们的职业经历和先进事迹。要求同学们认真聆听，并写一篇座谈会感想，感想内容应包括想从职业道德榜样身上学习什么职业道德品质、如何将这些优秀品质落实到行动中，等等。

过程记录

寻找职业道德榜样的计划：

学习职业道德榜样的关键点：

座谈会开展的难点及解决方案：

心得体会：

活动评价

教师可参考表 3-2 对各小组在“学习职业道德榜样座谈会”活动中的表现进行评价。

表 3-2　“学习职业道德榜样座谈会”活动各小组表现评价表

评价标准	分值	分数小计	教师评价
各成员均积极参与	25 分		
座谈会气氛热烈，所有成员均认真聆听，主动表达，积极向职业道德模范学习	50 分		
座谈会感想内容丰富，具有可操作性，字迹工整	25 分		

法治篇

FAZHI PIAN

第四讲

04

坚持全面依法治国

新精神、新要求

党的十九大报告指出：

全面依法治国是中国特色社会主义的本质要求和重要保障。

必须把党的领导贯彻落实到依法治国的全过程和各方面，坚定不移走中国特色社会主义法治道路，推进科学立法、严格执法、公正司法、全民守法。

学习目标

- 认知：了解我国法治建设的发展历程；了解中国特色社会主义法律体系的构成。
- 领会：懂得法治的科学内涵；理解科学立法、严格执法、公正司法、全民守法的基本要求。

专题一 认识治国理政的基本方式

透视生活

2019年年末，新冠肺炎疫情爆发。2020年2月10日，最高人民法院、最高人民检察院、公安部、司法部联合在京举行主题为“防控疫情、法治保障”的新闻发布会，发布了《关于依法惩治妨害新型冠状病毒感染肺炎疫情防控违法犯罪的意见》（以下简称《意见》），指导各地司法机关从严办理哄抬物价、制售假劣防疫物资、危害公共安全等案件。《意见》的发布有效震慑了违法犯罪行为，为保护疫情防控期间民众权益提供了司法保障，尤其是加大了对医务人员的保护力度，更好地维护了医务人员的职业尊严，确保疫情防控中坚力量可以毫无后顾之忧地投身防疫工作。最高人民检察院还发布了妨害新冠肺炎疫情防控犯罪的典型案例，对潜在违法人员形成震慑，有效维护了疫情防控期间社会秩序的安定有序。在疫情期间，法，为我们提供了依靠。

“法律援助真是帮了我的大忙！”苍溪县亭子镇奋勇村贫困户张某说，多亏了县法律援助中心指派律师免费帮他打赢了官司，拿到了拖欠多年的工资，他心里别提有多开心了。享受到法治服务政策实惠的，远远不止张某一人。近3年来，四川省苍溪县加大法律援助力度，年均办理法律援助案件200余件，办理农民工讨薪维权案件50余件，为困难群众挽回经济损失1 000余万元；年均发放刑事受害者特殊困难救助资金15万元，为刑事受害者脱贫致富撑起了保障伞（见图4-1）。法可以为我们遮风挡雨，在我们自身权益受到不法侵害时，法是我们忠实的靠山。

图4-1 “法治雨伞”

议一议

结合日常生活，谈一谈你从哪些事情可以体会到“法治让生活更美好”。

与法同行，抗击疫情

一、法治的内涵

《中华人民共和国宪法》（以下简称《宪法》）规定：“中华人民共和国实行依法治国，建设社会主义法治国家。”依法治国是我国治国理政的基本方式，我国通过实行法治保障人权，维护社会和谐，实现长治久安，推进国家治理现代化。

（一）法治的概念

早在公元前 350 年，古希腊哲学家亚里士多德就提出了“法治”的概念，并对其进行了论述。亚里士多德所认为的法治包含了两层含义：一是良法之治，即好的法律是法治的基础。二是法律至上，即法律制定之后，全社会均应普遍遵守。

随着时代的进步，法治思想不断演变与发展，最终形成了人们普遍接受的法治概念，即法治是一种治国方略，是将国家权力的行使和社会成员的活动纳入完备的法律规则系统。从本质上说，法治是一种依法办事的社会生活方式。

（二）法治与法制的区别

“法治”与“法制”是我们在日常生活中常见到的两个词，人们有时甚至不加区分地使用。实际上，两者是不同的。法制是法律和制度的简称，是法治的前提或基础，要实行法治，必须具备完备的法律制度。而法治则是法制的立足点和归宿，法制发展的最终目标必然是实现法治。法治与法制的区别表现在内涵、价值取向、配套环境等方面，具体如表 4-1 所示。

表 4-1　法治与法制的区别

区别	法治	法制
内涵	反映社会运行的状态、方式、程序和过程	只是“法律和制度”的简称
价值取向	强调人民主权、法律平等、权力制约和人权保障等	不预设价值取向
配套环境	需要配套的市场经济环境、民主政治环境等	可以在各种体制中存在，不要求配套环境

二、法治建设的发展历程

历史和现实都告诉我们，无论哪个国家，什么时候法治昌明，什么时候就国泰民安；什么时候法治松弛，什么时候就国乱民怨，即法治兴则国兴，法治强则国强。

（一）中国法治建设的发展历程

我国是一个具有五千多年文明史的古国，中华法系源远流长。我国古代的法律以儒家思想为基础，强调法律与伦理道德的统一，确认和保护森严的尊卑等级制度，代表性法典为《唐律疏议》。

相关链接

《唐律疏议》作为中国现存最古老、最完整的封建刑事法典，有着浓厚的封建思想意识，体现着封建统治阶级的阶级意志，反映了礼制、君主专制、等级制度等内容。

《唐律疏议》（见图 4-2）的主要内容共十二篇，规定了刑法的制度和原则、构成犯罪的行为、犯罪后的处罚条款，涵盖了警卫宫室、官吏职务、婚姻家庭、国家仓库管理、军队管理、打架斗殴、欺诈、商品买卖、医疗交通等方面。

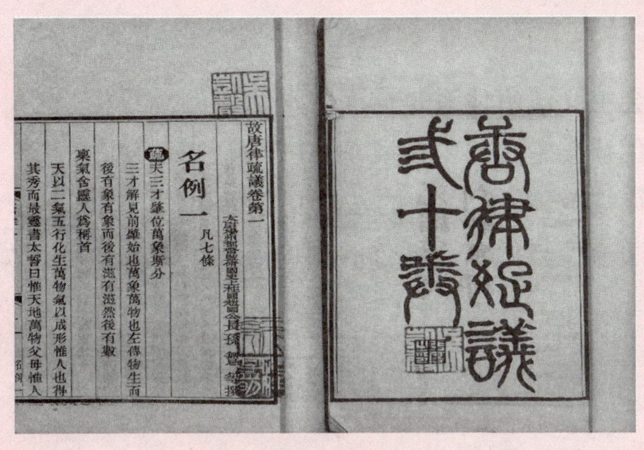

图 4-2　《唐律疏议》

近代以来，法治一直是中国人孜孜以求的梦想，然而在当时的历史条件和政治条件下，我国缺乏建立现代民主与法治社会的基础。1949 年，中华人民共和国成立，为我国真正实现民主、走向法治奠定了坚实基础。之后的 70 多年里，我国法治建设不断发展，取得了显著成绩，积累了丰富经验。全面依法治国是一场深刻革命，而我国法治建设的发展历程（见图 4-3）记录和见证了这一场革命，并坚定了我们建设中国特色社会主义法治的理念和信心。

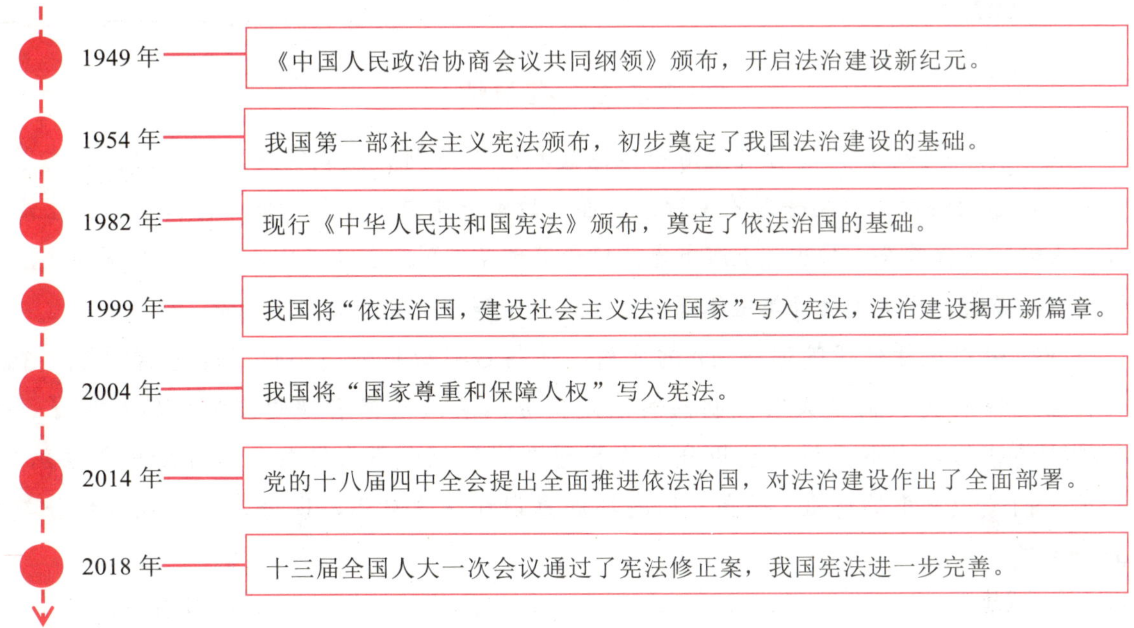

图 4-3　我国法治建设的发展历程

如今，我国的法治建设站在了新的历史起点上。中国全体人民正在中国共产党的领导之下全面落实依法治国基本方略，加快建设社会主义法治国家，这是史无前例的伟大社会实践，具有灿烂文明的中华民族正在努力开创人类政治文明发展的新境界。

（二）中国特色社会主义法治体系

社会主义法治建设成就

建设中国特色社会主义法治体系是全面依法治国的总目标，也是坚持和发展中国特色社会主义的内在要求。中国特色社会主义法治体系包括完备的法律规范体系、高效的法治实施体系、严密的法治监督体系、有力的法治保障体系、完善的党内法规体系等内容，如图 4-4 所示。

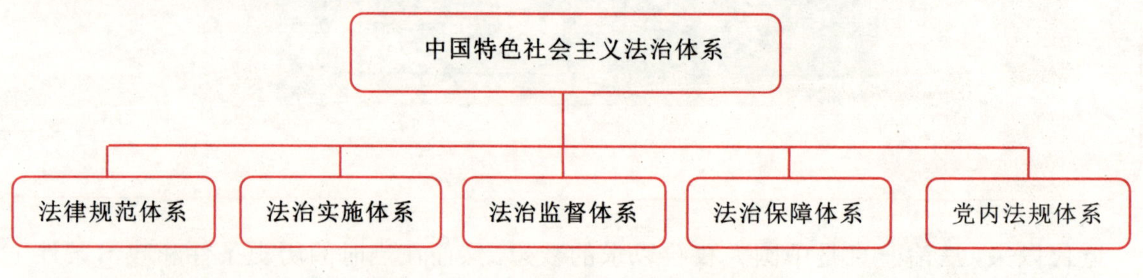

图 4-4　中国特色社会主义法治体系

建设中国特色社会主义法治体系，必须坚定不移走中国特色社会主义法治道路，全面推进依法治国，坚持依法治国、依法执政、依法行政共同推进，坚持法治国家、法治政府、法治社会一体建设，全面推进科学立法、严格执法、公正司法、全民守法。

法治讲堂

“法治”在身边

2019 年下半年，伴随着《上海市生活垃圾管理条例》正式实施，“今天你分类了吗？”成了上海市民打招呼时的流行语。面对垃圾分类这一世界性城市治理难题，上海市人大城建环保委全力推进《上海市生活垃圾管理条例》的立法工作，并在法规通过之后开展专项监督，积极推动各类主体落实生活垃圾全程分类管理的法定职责。

《上海市生活垃圾管理条例》的实施，使得进行垃圾分类不再是可为可不为的个人自由选择行为，而是具有强制性的法定义务。普法志愿者通过发放宣传小册子、悬挂宣传横幅，向群众讲解垃圾分类的管理办法和《中华人民共和国环境保护法》，告诉人们垃圾分类的标准，提高人们的环保意识和法律意识，促进人们养成垃圾分类的好习惯。

三、中国特色社会主义法律体系构建

完备的法律体系是依法治国的制度前提。所谓法律体系，是指一个国家的全部现行法律规范按照一定的原则和要求，根据法律规范的调整对象和调整方法的不同，划分为若干法律门类，并由这些法律门类及其包括的不同法律规范形成相互有机联系的统一整体。我国已经形成了以宪法为统帅，由七个法律部门（见图 4-5）和三个层次的法律规范（见图 4-6）所构成的较为完备的法律体系。

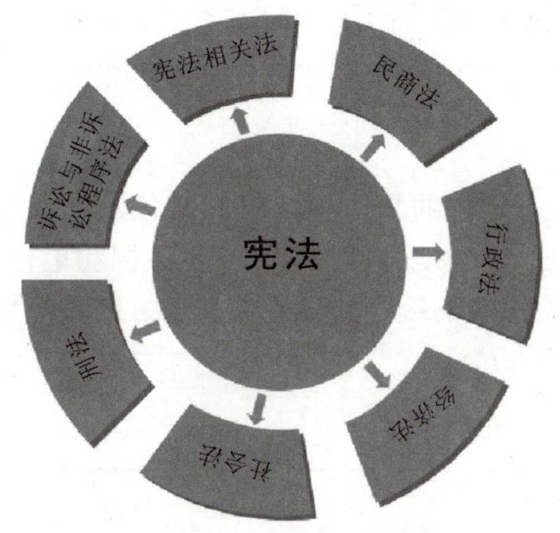

图 4-5　法律部门

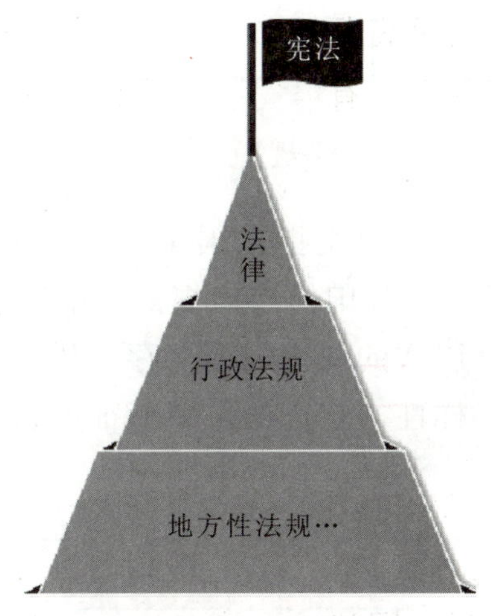

图 4-6　法律规范

（一）法律部门

法律部门是指调整同一类社会关系的法律规范的总和。我国的法律部门包括宪法相关法、民商法、行政法、经济法、社会法、刑法、诉讼与非诉讼程序法，它们涵盖了我国需要法律规制和调整的各个社会关系领域。它们主要调整的社会关系和所包含的相关法律如表 4-2 所示。

表 4-2　法律部门的区别

法律部门	主要调整的社会关系	社会关系举例	相关的法律
宪法相关法	国家重大社会关系	国家与公民之间的关系、国家与政党之间的关系、国家机关与国家机关之间的关系等	《全国人民代表大会组织法》《全国人民代表大会和地方各级人民代表大会选举法》《中华人民共和国民族区域自治法》
民商法	自然人、法人和其他社会组织之间以平等地位而发生的社会关系	婚姻关系、买卖关系、合同关系等	《保险法》《公司法》《证券法》
行政法	行政管理过程中所发生的社会关系，即行政关系	行政管理关系、行政救济关系、内部行政关系等	《行政许可法》《治安处罚法》《食品安全法》《安全生产法》
经济法	因国家对市场经济活动进行干预、管理、调控所产生的社会关系	国家规范经济组织过程中发生的经济关系、国家干预市场经济运行过程中发生的经济关系等	《税法》《房地产法》《土地管理法》《证券法》

续表

法律部门	主要调整的社会关系	社会关系举例	相关的法律
社会法	劳动、社会保障、社会福利方面的社会关系	劳动关系、经营者与消费者之间的关系等	《劳动法》《消费者权益保护法》《未成年人保护法》
刑法	因犯罪和刑法而产生的社会关系	一切受到严重侵害的社会关系	《刑法》
诉讼与非诉讼程序法	因诉讼活动和非诉讼活动而产生的社会关系	民事纠纷产生的社会关系、行政纠纷产生的社会关系等	《民事诉讼法》《行政诉讼法》《仲裁法》

（二）法律规范

法律规范是指由国家制定或认可的反映国家意志的具体规定权利义务及法律后果的行为准则。我国的法律规范包括法律、行政法规，以及地方性法规、自治条例和单行条例。这三个层次的法律规范并存，既有利于维护全国法制的统一，又兼顾了地方的差异性和民族的多样性。它们的主要特征如表 4-3 所示。

表 4-3 法律规范的主要特征

法律规范	适用范围	制定主体	作用
法律	全国	中华人民共和国全国人民代表大会及其常务委员会	调整国家、社会和公民生活中的重大事项
行政法规	全国	中华人民共和国国务院	执行法律的规定和履行行政管理职权
地方性法规、自治条例和单行条例	地方	省、自治区、直辖市和较大的市的人民代表大会及其常务委员会、民族自治地方的人民代表大会	解决本行政区域具体情况和实际需求

相关链接

“较大的市”是一个法律概念，是为了解决地级市立法权而于 1982 年创设的。非省会地级市一旦获得“较大的市”地位，就拥有了地方立法权。

分组讨论

扬州市某实验小学的一位学生，上课时玩手机游戏，还大喊大叫，扰乱上课秩序。老师忍无可忍，将他带到隔壁办公室训斥一番，没想到，该学生气急败坏，又打又砸，将办公室搞得一片狼藉。更没想到的是，学生家长来到学校后，不听老师解释，直接说老师殴打了自己家的孩子，还直接在学校门口拉出“×××老师多次辱骂、殴打学生！天理难容！还孩子公平！”的横幅，随后家长又到

教育局门口，拉着横幅，跪在地上，不断喊冤。据其他学生家长说，这位家长之前就因为一点小事这样闹过，学校为息事宁人，给了他一笔赔偿，这次他显然想故技重施。毫无疑问，这就是典型的“校闹”行为。

以上述事件为例，说说你认为“校闹”行为会对学校和学生造成哪些不好的影响，你对“教师成了学生的保姆，学校成了无限责任公司”这句话有什么看法。

法治讲堂

“法治”保障我们的学习生活

学校本应是远离喧嚣、安宁静谧的净土，但近年来频频发生的“校闹”事件，总让宁静的校园（见图 4-7）深陷是非纠纷之争。“因为‘校闹’的存在，学校承担了不应当承担的责任和压力，导致一些学校不敢正常开展体育教学、课外活动，不敢正常批评教育学生，干扰了素质教育的实施，影响了良好教育生态的形成，必须下大力气予以解决。”教育部政策法规司领导说。

图 4-7 宁静的校园

2019 年 8 月 20 日，教育部、最高人民法院、最高人民检察院、公安部、司法部等五部门共同发布《关于完善安全事故处理机制维护学校教育教学秩序的意见》(以下简称《意见》)，明确了 8 种“校闹”行为，要求建立多部门协调配合工作机制，健全学校安全事故预防与处置机制，依法处理学校安全事故纠纷，依法打击“校闹”行为，为学校办学安全托底。

《意见》规定，实施下列“校闹”行为，构成违反治安管理行为的，公安机关应当依照治安管理处罚法相关规定予以处罚：① 殴打他人、故意伤害他人或者故意损毁公私财物的；② 侵占、毁损学校房屋、设施设备的；③ 在学校设置障碍、贴报喷字、拉挂横幅、燃放鞭炮、播放哀乐、摆放花圈、泼洒污物、断水断电、堵塞大

门、围堵办公场所和道路的；④ 在学校等公共场所停放尸体的；⑤ 以不准离开工作场所等方式非法限制学校教职工、学生人身自由的；⑥ 跟踪、纠缠学校相关负责人，侮辱、恐吓教职工、学生的；⑦ 携带易燃易爆危险物品和管制器具进入学校的；⑧ 其他扰乱学校教育教学秩序或侵害他人人身财产权益的行为。

实践活动 “两国”辩论赛

【导入情境】

远古时候有两个国家，一个叫乐水国，一个叫冷刀国。乐水国以人治国，推崇对人不对事；冷刀国以法治国，推崇对事不对人。乐水国的国民享受人情带来的便利，同时也为仇杀私斗、人人结仇而担忧；冷刀国的国民享受安定的社会生活，同时也感到刑法峻急、饱受压迫。有一天，两国举办了一场辩论赛，辩论的主题为：“生活中应该对人不对事，还是对事不对人？”

乐水国辩论队的立场是“生活中应该对人不对事”，他们给出了许多理由。例如，个体之间是有差异的，不能因一件事就否定或者肯定一个人。

冷刀国辩论队的立场是“生活中应该对事不对人”，他们同样给出了许多理由。例如，只有对事不对人，才能避免对少数人的照顾，这才是真正的公平。

【活动形式】

将全班同学分成三组，一组为观众，另外两组作为两支辩论队。辩论队抽签决定立场。队内成员共同搜集辩论材料，并推选出代表本组参加辩论赛的人员。两队展开辩论，可以灵活采取 2V2、3V3、4V4 等形式，辩论结束后由观众投票，选出获胜队伍，并进行点评（建议从语言表达、逻辑推理、临场反应、整体印象等方面进行点评）。

过程记录

活动开展计划：

活动开展关键点：

活动开展难点及解决方案：

心得体会：

活动评价

教师可参考表 4-4 对辩论赛活动进行评价。

表 4-4　“两国”辩论赛活动评价表

评价标准	分值	分数小计	教师评价
同学们兴趣浓厚，主动参与活动，积极讨论与思考，气氛活跃、融洽	25 分		
辩手和发言同学语言表达流畅、有气势，肢体语言和谐	25 分		
辩论材料准备充分，论据充分，逻辑合理	25 分		
同学们可以将所学知识灵活运用，增强对法治和人治的理解	25 分		

专题二　明确全面依法治国的基本要求

透视生活

“道路千万条，安全第一条。行车不规范，亲人两行泪。”（见图 4-8）2019 年上映的电影《流浪地球》中的这句口号火遍全国，深入人心。有网友评论说，这 20 个字堪称史上最“硬核”的安全提醒，增强了观影者的交通安全意识。这句口号的创作者是江苏省张家港市的一名警嫂，她的丈夫陈士宝是一名交通警察，其日常工作成了这位警嫂创作灵感的来源。交通警察的日常工作是平凡的，可正是这平凡的工作，才换来了城市的交通安全。我们知道，交通警察不可能每时每刻监督到每个人的行为，如果自己心存侥幸去做违反交通规则的事情，万一发生意外，受伤的不只是自己，还有他人。

我国每年发生的交通事故数以万计，而且一半以上跟酒后驾驶车辆有关。2019 年 7 月，福建省某县发生了一场交通事故。宋某驾驶小型轿车从政和县铁山镇往政和县城关方向行驶，车上乘坐了张某、杨某、李某和吴某等四人。行车途中由于车速太快，拐弯不及时，车辆撞了路边的行道树后发生了侧翻，造成车上 5 人受伤。5 人的年龄分别为 20 岁、22 岁、23 岁、24 岁、25 岁，其中乘员伤势轻微，驾驶员宋某伤势较重，经检验鉴定，宋某血液中酒精含量较高，属醉酒驾驶车辆。之后，宋某被依法吊销了驾驶证，且 5 年内不得重新申领驾驶证。该案被列入危险驾驶案立案侦查，驾驶人宋某被移送检察机关审查起诉。这起交通事故的背后是个人对交通规则的轻视、对自己和他人的不负责。

议一议

结合自身的生活，谈一谈我们为什么要遵守交通规则，怎么去遵守交通规则，遵守交通规则对个人和社会有哪些影响。

图 4-8　流浪地球

落实依法治国的基本方略，加快建设社会主义法治国家，必须全面推进科学立法、严格执法、公正司法、全民守法进程。

依法治国

一、科学立法

（一）科学立法的内涵

科学立法（见图 4-9）是依法治国、建设法治中国的前提。科学立法的核心是尊重和体现社会发展的客观规律，不断提高法律的质量。

科学立法的内涵包括以下几个方面。

首先，科学立法体现我国社会主义国家性质，顺应时代发展要求，推动国家发展进步，保障人民各项权利。立法要符合我国的政治制度和历史传统，要与新时代中国特色社会主义伟大进程相适应，制定出适合中国的良法。

其次，科学立法符合国情和实际。要立良善之法，立管用之法，完善立法体制机制，使每项立法都科学合理地规范国家机关的权力与责任，规范公民、法人和其他组织的权利和义务，使法律符合社会发展的需求。

最后，立法必须遵循法律体系的内在逻辑和立法工作规律，遵循立法程序，注重立法技术，努力实现立法过程的科学化。要明确划分不同法律关系的调整对象和界限，形成符合国家发展目标的法律体系。

图 4-9　科学立法

法律讲堂

立法机关是制定、修改和废除法律规范的国家机关。在我国，全国人民代表大会及其常务委员会可以制定法律，国务院可以制定行政法规，省、自治区、直辖市的人民代表大会及其常务委员会可以制定地方性法规，具体如图 4-10 所示。

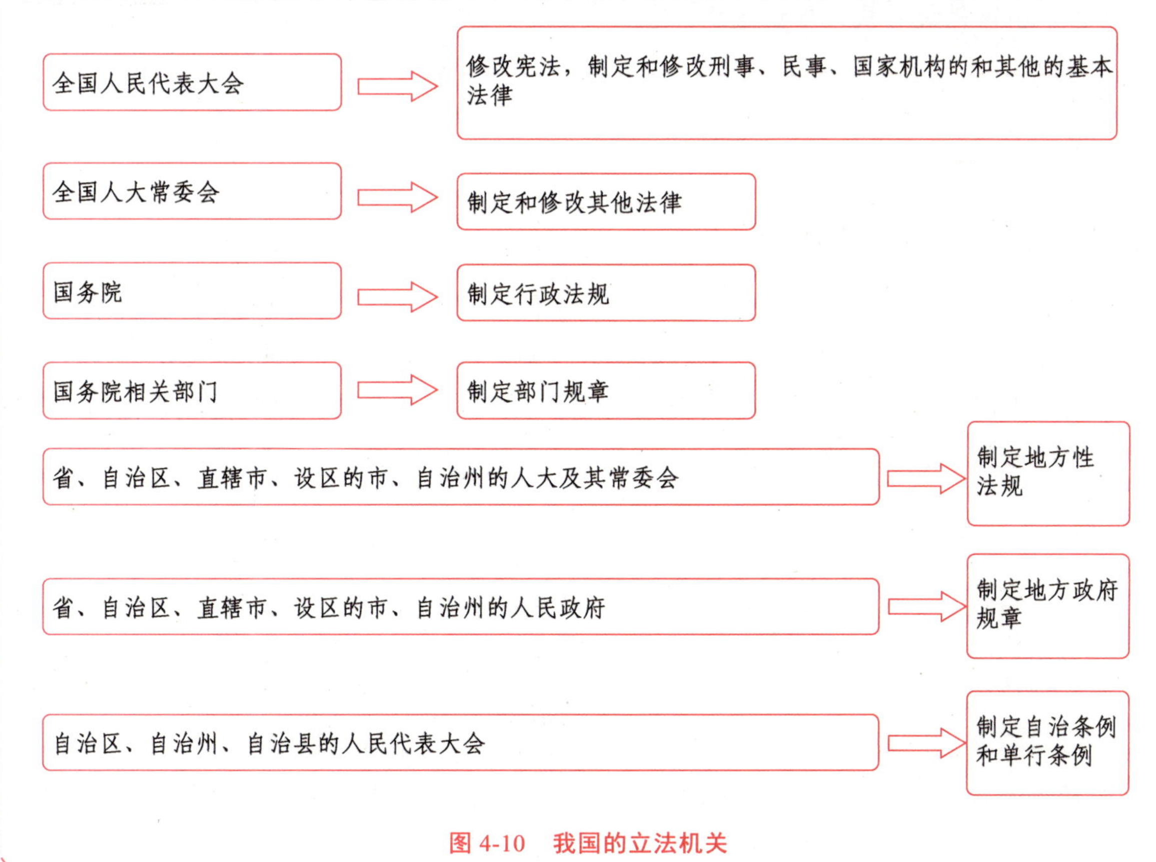

图 4-10　我国的立法机关

（二）推进科学立法

推进科学立法就是推进依法立法、民主立法，以良法促进发展、保障善治。

首先，科学立法应做到依法立法，要坚持立法行为和立法内容的合宪性、合法性；要求立法主体遵守立法权限，不得越权立法。在我国，宪法和立法法是国家机关制定和修改法律的最基本的法律依据。

其次，科学立法应充分发扬民主，必须坚持民主立法。提高立法的民主化水平，拓宽公众参与立法的渠道和途径，健全法律法规规章草案公开征求意见和公众意见采纳情况反馈机制，广泛凝聚社会共识。

最后，科学立法要合理设定权利与义务、权力与责任。应在立法中客观地认识现实生活中的各种利益，并加以合理的确认和保护，做到权利与义务相统一、相对应。立法还要科学合理地配置权力与责任，根据国家治理需求，授予国家机关必要的权力，并对其加以制约，明确权力行使不当应承担的法律责任。

相关链接

《中华人民共和国立法法》第六条规定：“立法应当从实际出发，适应经济社会发展和全面深化改革的要求，科学合理地规定公民、法人和其他组织的权利与义务、国家机关的权力与责任。”

二、严格执法

（一）严格执法的内涵

严格执法是推进全面依法治国、建设法治中国的关键。严格执法是指执法主体必须遵守宪法和法律，在执法过程中严格依法办事。在国家执法活动中，行政机关是最主要的执法主体。国家行政机关负有严格贯彻实施宪法和法律的重要职责，要规范政府行为，切实做到严格、规范、公正、文明执法。

（二）推进严格执法

推进严格执法，重点是解决执法不严格、不规范、不透明、不文明，以及不作为、乱作为等突出问题。

坚持严格执法，要求执法人员必须秉公执法、严肃执法，严格按照法律规定和程序办案，做到以事实为依据，以法律为准绳，做到追究和处罚都有依据。

坚持规范执法，要求完善并形成严密的执法程序，建立执法全过程记录，加强对执法活动的监督，从而提高执法机关的执法规范化水平。

坚持公正执法，要求执法主体树立公正意识，坚持公正，遵守法律的精神和原则。对

同等情况平等对待，对不同情况差别对待。杜绝执法不公、随意执法行为，并不断提升执法水平和公信力。

坚持文明执法，要求执法主体改善执法方式，做到礼貌待人、以理服人、以情感人，尊重当事人的权益并争取当事人的理解，不断提升人民群众的安全感和满意度，努力实现最佳的执法效果。

法律讲堂

执法中的“情”与“理”

某市公安局收到了一封来自肖某的感谢信，肖某在信中恳求领导对她的“雷叔叔”予以表彰。原来，16 岁的肖某出生在一个穷苦家庭，她的父亲在她 4 岁的时候去世了，她的母亲李某带着她和她的弟弟在城里打工，母亲擦皮鞋、搬砖头，什么活都干，好不容易将他俩拉扯大。2019 年年初，母亲借钱买了一辆“老爷车”，在城区载客维持生计。没想到，不久政府就发出了禁令，取缔“老爷车”运营，而肖某一家只能靠这辆车维持生计，母亲只好在交警下班后的空隙偷偷载客。某天，母亲的车被交警查扣，正当她情绪激动地与交警争执之时，带队交警听了她的哭诉，从身上掏出300元钱给了她，微笑着说：“这位大嫂，你的车按规定必须没收。这样吧，你有困难的话先把这钱拿去用，明天到交警大队找我，我姓雷。”

次日，母亲忐忑不安地去了交警队，雷警官热情地接待了她，耐心地向她讲解有关政策法规，并帮她领回了几百元的“老爷车”折旧费。但一下子失去了全家人的经济来源，母亲还是为以后的日子而发愁。几天后，雷警官主动带她来到一家饭店，对老板说：“这位大姐人不错，家里有困难，请关照一下，给找个活儿干。”就这样，母亲进了饭店当洗碗工，每月有了固定的收入，解决了家里的大问题。雷警官在严格按照规定进行执法的同时，尊重当事人的权益，给予当事人帮助，是认真为民办实事的好警官。

三、公正司法

（一）公正司法的内涵

公正司法（见图 4-11）是推进全面依法治国、建设法治中国的保障，是维护社会公平正义的最后一道防线。

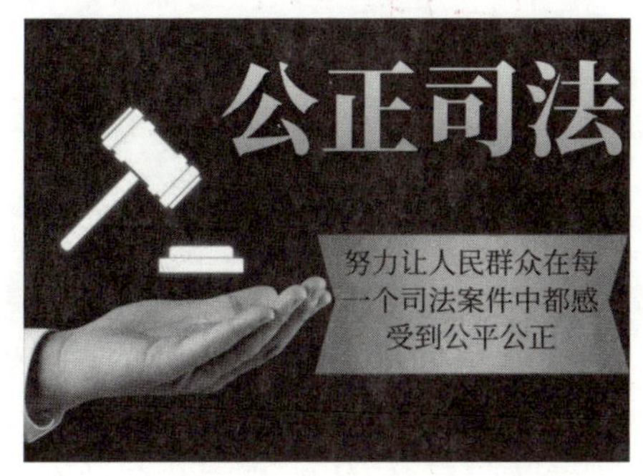

图 4-11　公正司法

公正司法是指在司法活动的过程和结果中坚持和体现公平与正义的原则。也就是说，公正司法既要求法院的审判过程遵循平等和正当的原则，也要求法院的审判结果体现公平和正义的精神。

（二）推进公正司法

推进公正司法，必须确保审判权和检察权依法独立行使。各级党政机关和领导干部要支持法院、检察院依法独立公正行使职权。任何党政机关和领导干部都不得让司法机关做违反法定职责、有碍司法公正的事情，任何司法机关都不得执行党政机关和领导干部违法干预司法活动的要求。

推进公正司法，必须要坚持以事实为依据、以法律为准绳，做到事实认定符合客观真相、办案程序公正、办案结果公正。

推进公正司法，要坚持司法公开，构建开放、动态、透明、便民的阳光司法机制，提升司法公开规范化、制度化和信息化水平。主动并及时公开人民法院工作各领域、各环节的信息，让司法公开成为密切联系群众的桥梁纽带。

推进公正司法，要坚持司法为民，努力践行司法爱民、为民、利民、亲民的宗旨，通过公正司法维护人民的权益。要加强人权司法的保障，保障诉讼过程中当事人和其他诉讼参与人的知情权、陈述权等，保障人民群众的参与权、监督权等。

相关链接

我国的司法救助（见图 4-12）制度是对那些因犯罪行为、侵权行为导致被害人或者其家属无法获得有效赔偿，生活因此陷入急迫困难的群众进行救助，是改善民生、健全社会保障体系的重要组成部分。

图 4-12　司法救助

法律讲堂

公正与温暖

汪某是一名身患重病的退役军人。有一天，村里的两个孩子在汪某家屋前玩火，不慎将汪某的房屋烧毁。法院判决两个孩子的监护人赔偿汪某被烧毁房屋损失 108 800 元。在执行和解时，监护人偿付了 61 000 元。因监护人经济困难，该案尚有 47 800 元难以执行到位，人民法院裁定执行终结。汪某失去了住房、患有重病且没有收入，他的妻子身体也不好，两个孩子还在读书，他的家庭一下子陷入了极端困难的境地。

高级人民法院经审查认为，申请人汪某因民事侵权案件所面临的上述情形，符合《最高人民法院关于加强和规范人民法院国家司法救助工作的意见》规定的应予救助情形，遂决定给予汪某国家司法救助金共47 800元，最终帮助他的家庭解决了经济困难。司法在伸张公平正义的同时，也在保障当事人的权益，体现了司法爱民、为民的宗旨。

四、全民守法

（一）全民守法的内涵

图 4-13 全民守法

全民守法（见图 4-13）是推进全面依法治国、建设法治中国的基础。全民守法是指任何组织或者个人都必须在宪法和法律的范围内活动，任何公民、社会组织和国家机关都要以宪法和法律为行为准则，依照宪法和法律行使权利或权力、履行义务或职责。

全民守法要求依法行使权利。公民在行使自由和权利的时候，不得损害国家的、社会的、集体的利益和其他公民的合法的自由和权利。

全民守法要求依法履行义务。在享有权利的同时，公民也负有相应的义务。只有所有的人都依法履行自己的义务，才能维护公共安全和社会秩序。

全民守法意味着依法维护自己的正当权益。当自己的合法权益遭受侵害时，应通过合法的手段，理性维权。可以通过和解、调解、仲裁、诉讼等方式，解决争议、化解矛盾，不应诉诸暴力或其他违法手段。

分组讨论

围绕“全民守法”这一话题，同学们展开了以下讨论。

法律规定禁止在动车组列车上吸烟，这是所有乘客和列车工作人员必须遵守的规定。

法律规定禁止向未成年人出售烟酒，但有些同学却可以在外卖平台上轻易购买到烟酒，这是卖家在钻法律的空子。

法律规定禁止在生产、销售的产品中掺杂、掺假，以假充真，以次充好，但是有些网购平台为了利益将假货掺杂着卖，这是违法的。

结合材料，谈一谈如何在生活中推进全民守法。

（二）推进全民守法

推进全民守法，必须着力增强全民法治观念。要坚持把全民普法和守法作为依法治国的长期基础性工作，采取有力措施加强法治宣传教育，调动各类守法主体用法、崇法、护法的主动性，努力让守法成为全民的自觉意识和真诚信仰，引导全民自觉守法、遇事找法、解决问题靠法。

推进全民守法，要调动人民群众投身依法治国实践的积极性和主动性，使尊法守法成为全体人民的共同追求和自觉行动。

推进全民守法，要不断加强公民道德建设，弘扬中华优秀传统文化，增强法治的道德底蕴，强化规则意识，倡导契约精神，弘扬公序良俗，引导人们自觉履行法定义务、社会责任、家庭责任。

实践活动　模拟“立法”活动——“制定班规”

好的班规应体现它的民主性，班规不是针对个别学生而制定的，也不是对学生个性的压制，而是引导学生形成良好的学习、生活习惯，克服不良的习惯，促进学生身心和个性向积极的方面发展。要想制定出符合班级特点的班级规范，需要全班同学集思广益、共同参与。

通过制定班规活动，让学生体验有序参与规则制定的方式和途径，并且让学生了解一部班规的诞生过程，体会集思广益、民主参与、科学制定班规的意义。

【讨论阶段】

本班同学分为几个小组进行讨论，每个小组选出一位学生代表上台发言，讲述自己对班规的理解。

【制定班规过程】

1．提出班规方案

开展小组讨论，并由小组代表提出班规方案，由老师决定是否将方案列入审核阶段。（学生从以下几个方面进行讨论：学习方面、纪律方面、出勤方面、卫生方面）

2．对班规进行讨论

提出班规方案的小组，需要对其方案进行详细的解释与说明，广泛征求同学们的意见。

3．表决通过

由全体学生采取无记名方式对班规方案进行表决，同意的过半数则方案通过。

4．班规公布

经全体学生通过后，由老师公布班规。

过程记录

活动开展计划：

活动开展关键点：

活动开展难点及解决方案：

心得体会：

活动评价

教师可参考表 4-5 对“制定班规”活动进行评价。

表 4-5　“制定班规”活动评价表

评价标准	分值	分数小计	教师评价
同学们积极参与讨论，并从多方面提出自己的意见	25 分		
活动的形式体现民主性，活动氛围融洽，制定班规过程有序	25 分		
同学们在学习、纪律等方面制定的条规具备合理性和可行性	25 分		
同学们学会制定班规，并进一步了解我国立法的流程，活动效果显著	25 分		

第五讲 05 维护宪法尊严

新精神、新要求

党的十九大报告指出：

宪法是国家的根本大法，是治国理政的总章程，其他法律法规都不能和宪法精神相冲突，所有的公权力活动，也都要受宪法的约束。加强宪法实施和监督，对维护宪法的权威至关重要，也是法治国家的必然要求。

学习目标

- **认知：** 了解宪法实施的意义。
- **领会：** 理解我国宪法的地位、作用和基本原则；分析公民基本权利与基本义务关系；理解我国宪法监督制度。
- **提高：** 树立正确的权利与义务观；增强维护宪法尊严、保护宪法实施的意识。

专题一 树立宪法信仰，培养公民意识

透视生活

12 月 4 日是国家宪法日（见图 5-1），小王、小张、小李三名同学参加了宪法讲座等相关活动之后，即兴创作了诗歌来表达自己的学习心得。

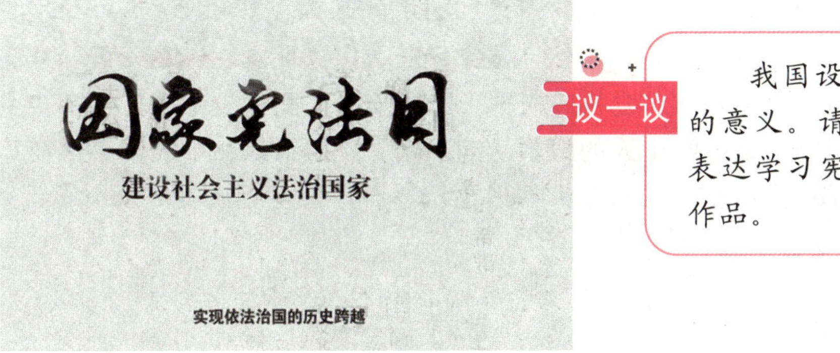

图 5-1 国家宪法日

议一议 我国设立宪法日的意义。请试着创作表达学习宪法心得的作品。

小王

咱们国家根本法，法律效力她至上。
国家权力属人民，当家做主心欢畅。
权力行使不任性，公民权利有保障。
人人自觉守宪法，幸福和谐国兴旺。

小张

宪法铭刻我心田，人民意志在其间。
序言另外加四章，国家制度在总纲。
权利义务不可分，国家机构为人民。
国家标志我记牢，维护宪法乐陶陶。

小李

见或者不见，宪法就在这里，不偏不倚。

懂或者不懂，宪法的使命就是维护我们，不增不减。

一、宪法的地位、作用和基本原则

宪法是国家的根本大法，是治理国家的总章程，适用于国家领土的全境及国家全体公民，是社会经济和政治文化综合作用的产物。

（一）宪法的地位

1. 我国的根本大法

我国宪法是党和人民意志的集中体现，是国家的根本大法，是有关国家权力及其民主运行规则、国家基本政策，以及公民基本权利与义务的法律规范的总称。宪法规定了我国的国家性质、根本制度、根本任务、经济制度、公民的基本权利和义务等。

我国宪法是治国安邦的总章程，是保证国家统一、民族团结、经济发展、社会进步和长治久安的法律基础，是中国共产党执政兴国、带领全国人民建设中国特色社会主义国家的法制保证。宪法是一切组织和个人的根本活动准则。一切组织和个人都必须在宪法和法律的范围内活动，都必须维护宪法权威，捍卫宪法尊严，保证宪法实施。

2. 最高的法律地位

分组讨论

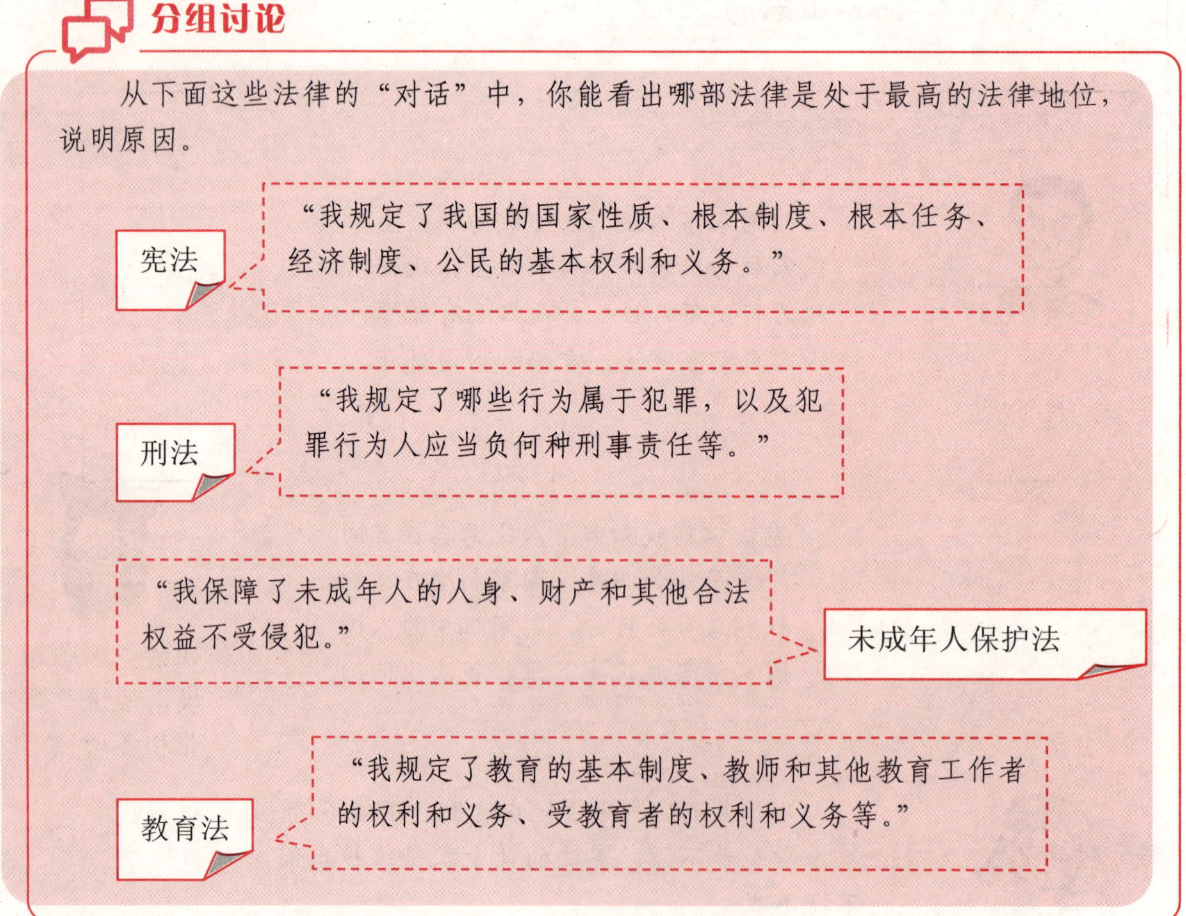

宪法在国家法律体系中具有最高的法律地位、法律权威和法律效力。我国宪法明确规定：“一切法律、行政法规和地方性法规都不得同宪法相抵触。”宪法是其他法律的立法基

础和立法依据，其他法律不得与宪法的原则和精神相违背，否则，就会因违宪而无效。

宪法的制定和修改程序比其他法律更加严格，这使得宪法的内容具有更广泛的民意基础，并且保障了宪法的长期稳定性。

相关链接

我国宪法的制定程序遵循特定的制宪程序。宪法的修改必须由全国人民代表大会常务委员会或者五分之一以上的全国人民代表大会代表提议，并由全国人民代表大会全体代表的三分之二以上的多数通过。其他法律的制定和修改只需要依一般程序，由立法机关过半数通过。

宪法是国家法制统一的基础。宪法的规定具有原则性的特点，各种法律制度是对宪法的具体落实。宪法是对公民基本权利的根本确认和保障，其他法律也对公民基本权利的实现具有不可替代的作用。

互动空间

查阅我国选举法、教育法和义务教育法等法律的相关规定，填写下表，说明宪法和其他法律的关系。

我国宪法规定的公民基本权利	其他法律的相关规定
选举权和被选举权	
人身自由不受侵犯	刑事诉讼法规定了拘留、逮捕的条件。 刑法规定了侵犯公民人身权利罪。
受教育权利	
公民的人格尊严不受侵犯	民法总则规定了禁止用侮辱、诽谤等方式损害公民、法人声誉。 消费者权益保护法规定了消费者在购买商品时，享有人格尊严得到尊重的权利。

（二）宪法的作用

我国宪法是一部符合中国国情的好宪法，在国家政治、经济、文化和社会生活中发挥了极其重要的作用。我国宪法保障了我国改革开放和社会主义现代化建设，促进了我国社会主义民主建设，推动了我国社会主义法制建设，促进了我国人权事业和各项社会事业的发展。

（三）宪法的基本原则

我国宪法的基本原则包括人民主权原则、基本人权原则、权力制约原则和法治原则。

人民主权原则是指主权归属的主体是人民，也就是国家中的绝大多数人拥有国家的最高权力。《宪法》第二条第一款规定：“中华人民共和国的一切权力属于人民。”我国是人

民当家做主的社会主义国家，国家的一切权力在本质上是属于人民的。另外，宪法还规定了人民行使权力的方式是通过人民代表大会制度。《宪法》第二条第二款规定："人民行使国家权力的机关是全国人民代表大会和地方各级人民代表大会。"我国广大人民正是通过选举人大代表并对其进行监督的方式来行使属于自己的权力的。

基本人权原则是指宪法赋予并保障的公民基本权利，它是一个公民应当享有的权利，是其他法律规定公民权利的依据，也是公民行使其他权利的基础。

权力制约原则是指国家权力的各部分之间相互监督、彼此牵制，以保障公民权利。

法治原则是指我国宪法明确规定实行依法治国，建设社会主义法治国家。

相关链接

我国第一部带有"宪法"字样的法律文件，是清朝末年形成的《钦定宪法大纲》(见图 5-2)。

中华人民共和国成立前夕召开的中国人民政治协商会议的第一届全体会议通过的《中国人民政治协商会议共同纲领》于 1949 年 9 月 29 日颁布，具有临时宪法的作用。

中华人民共和国成立后，曾于 1954 年 9 月 20 日、1975 年 1 月 17 日、1978 年 3 月 5 日和 1982 年 12 月 4 日通过了四部宪法。我国现行宪法是 1982 年颁布的《中华人民共和国宪法》(见图 5-3)，并经历了 1988 年、1993 年、1999 年、2004 年、2018 年等五次修改。

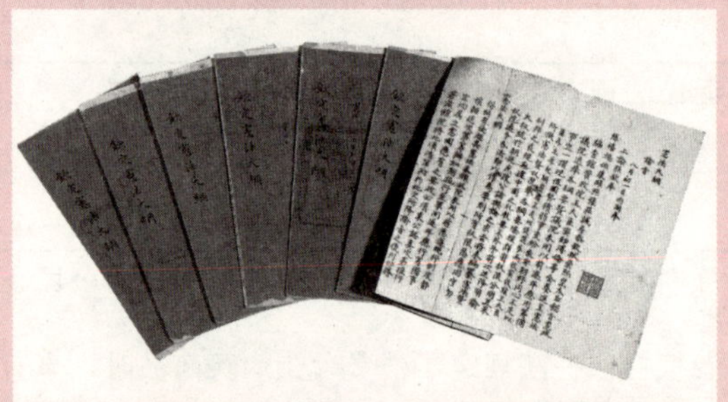

图 5-2 《钦定宪法大纲》

图 5-3 《中华人民共和国宪法》

二、我国公民的基本权利和基本义务

公民的基本权利和基本义务共同反映和决定着公民在国家中的政治与法律地位。在我国，公民的基本权利与基本义务是宪法的核心内容，宪法是每个公民享有权利、履行义务的根本保证，并构成普通法律规定公民权利和义务的基础和原则。

（一）我国公民的基本权利

公民基本权利是指公民依照宪法享有的人身、政治、经济、文化等方面的基本权益。根据我国宪法，公民享有以下基本权利和自由。

1．平等权

平等权（见图 5-4）是指所有公民都平等地享有宪法和法律规定的各项权利，也都平等地履行宪法和法律规定的各项义务。国家机关在应用法律时，对于所有公民的保护或者惩罚都是平等的，不得因人而异；任何组织或者个人都不得有超越宪法和法律的特权。

我国《宪法》第三十三条第二款规定：“中华人民共和国公民在法律面前一律平等。”

2．政治权利和自由

政治权利和自由是指宪法和法律规定公民有参加国家政治生活的民主权利，以及在政治上享有表达个人见解和意愿的自由。

- **选举权和被选举权：**根据《宪法》，我国年满十八周岁的公民，不分民族、种族、性别、职业、家庭出身、宗教信仰、教育程度、财产状况、居住期限，都有选举权和被选举权；但依照法律被剥夺政治权利的人除外。选举权和被选举权（见图 5-5）是公民的一项基本政治权利，行使这项权利是公民参与管理国家和管理社会的基础。
- **政治自由：**我国公民有言论、出版、集会、结社、游行、示威的自由。公民享有政治自由，有助于公民参加国家政治生活，充分表达自己的见解和意愿。

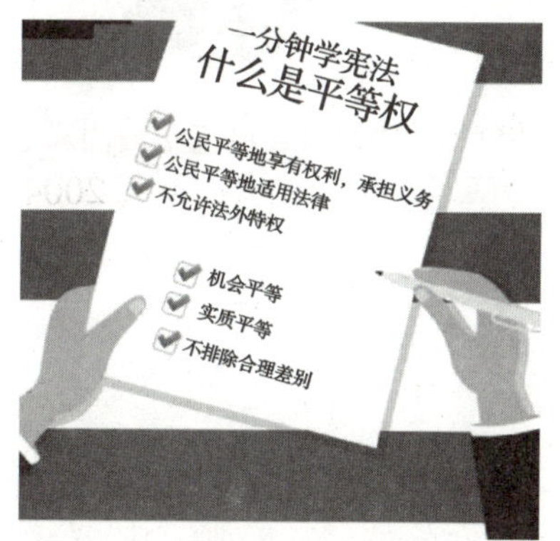

图 5-4　平等权

图 5-5　选举权和被选举权

法律讲堂

无故取消的候选人资格

某村村民选举委员会组织村民投票选举村委会成员候选人，该村村民胡某当选。后该村民选举委员会无任何理由和依据，取消胡某的候选人资格。胡某就向村民选举委员会申请复议，但村民选举委员会仍维持原决定。在随后公布的村委会成员候选名单上没有胡某的名字，胡某为了维护自身合法权益，向法院起诉村民选举委员会关于取消他村委会成员候选人资格的决定，要求对其候选人资格从法律上予以确认。

法院受理后，依法组成合议庭，公开开庭审理了本案。最终，法院做出判决，认定起诉人胡某依法享有选举权和被选举权；所在村村民选举委员会无合法依据取消他的村委会成员候选人资格，侵犯了其被选举权，同时侵犯了其他村民的选举权，应当依法恢复胡某的候选人资格。最终，胡某的村委会成员候选人资格获法律确认。

3. 宗教信仰自由

我国《宪法》保障了公民宗教信仰的自由。每个公民都有信仰宗教的自由。任何国家机关、社会团体和个人都不得强制公民信仰宗教或不信仰宗教，也不得歧视信仰宗教的公民或不信仰宗教的公民。

4. 公民的人身自由权

人身自由权是公民最重要的基本权利之一。我国《宪法》规定，中华人民共和国公民的人身自由不受侵犯。任何公民，非经人民检察院批准或者决定或者人民法院决定，并由公安机关执行，不受逮捕。禁止非法拘禁和以其他方法非法剥夺或者限制公民的人身自由，禁止非法搜查公民的身体。

公民的人格尊严不受侵犯。禁止用任何方法对公民进行侮辱、诽谤和诬告陷害。

公民的住宅不受侵犯。禁止非法搜查或非法侵入公民的住宅。

公民的通信自由和通信秘密受法律的保护。除因国家安全或者追查刑事犯罪的需要，由公安机关或者检察机关依照法律规定的程序对通信进行检查外，任何组织或者个人不得以任何理由侵犯公民的通信自由和通信秘密（见图 5-6）。

图 5-6　侵犯公民的通信自由和通信秘密权

法律讲堂

超市购物遇冲突

2019 年 12 月 25 日上午，贾某在某超市购物时，该超市保安人员看到贾某大衣里鼓鼓囊囊，怀疑他盗窃了超市的东西，遂要求其把大衣脱下进行检查，贾某不同意，双方发生肢体冲突。在此过程中，贾某眼部、脸部受伤，身体也受到一定伤害，最终住院 10 天，花去医疗费、交通费等共计 4 000 元。双方对赔偿金额达不成一致，贾某将超市保安人员诉至法院。

法院审理认为，超市在没有证据证明原告贾某有违法行为的情况下，强行检查原告的物品，系违法行为；原告的身体受到伤害，与被告保安人员的行为有直接的因果关系，被告应对原告身体受到的伤害及物品的损害承担赔偿责任。

5. 公民的监督权和取得赔偿权

我国《宪法》规定，公民对于任何国家机关和国家工作人员，有提出批评和建议的权利；对于任何国家机关和国家工作人员的违法失职行为，有向国家机关提出申诉、控告或者检举的权利，但是不得捏造或者歪曲事实进行诬告陷害。对于公民的申诉、控告或者检举，有关国家机关必须查清事实，负责处理。任何人不得压制和打击报复。由于国家机关和国家工作人员侵犯公民权利而受到损失的人，有依照法律规定取得赔偿的权利。

6．公民的社会经济权利

公民的社会经济权利是指公民在经济生活和物质利益方面所享有的权利，是公民实现其他权利的物质保证，包括公民的财产权、继承权、劳动权、休息权、获得物质帮助权等。

◈ **财产权：** 指公民个人有通过劳动和其他合法方式取得和占有财产的权利。

◈ **继承权：** 指公民依照法律规定或被继承人生前立下的合法有效的遗嘱，承受被继承人遗产的权利。我国《宪法》规定，国家依照法律规定保护公民的私有财产权和继承权。

◈ **劳动权：** 指有劳动能力的公民有获得工作并取得相应报酬的权利。我国《宪法》和《劳动法》规定，公民有劳动的权利（见图 5-7）和义务。国家通过各种途径，创造劳动就业条件，加强劳动保护，改善劳动条件，并在发展生产的基础上，提高劳动报酬和福利待遇。

图 5-7 劳动权

◈ **休息权：** 指劳动者有为保护身体健康和提高劳动效率而休息的权利。我国《宪法》和《劳动法》规定，劳动者有休息的权利。国家发展劳动者休息和修养的设施，规定职工的工作时间和休假制度。

◈ **获得物质帮助权：** 我国《宪法》规定，公民在年老、疾病或者丧失劳动能力的情况下，有从国家和社会获得物质帮助的权利。国家发展为公民享受这些权利所需要的社会保险、社会救济和医疗卫生事业。

互动空间

知识连连看：请将下文左侧的事项与右侧对应的公民权利用直线连接起来。

事项	公民权利
张某毕业后去甲公司面试，面试官以本公司想招进一位男生为由拒绝了她。	劳动权
曾某私下破解他人 QQ 号密码，并将 QQ 号的原密码更改后出售给别人，造成原用户无法登录。	平等权
王某大学毕业后到乙广告公司工作，并签订了三年的劳动合同。在合同期间，公司按时给王某发放报酬和缴纳五险一金，并且王某享受正常的双休和节假日。	通信自由和通信秘密权

7．公民的教育、科学、文化权利和自由

公民的教育、科学、文化权利和自由，包括受教育权和进行科学研究、文学艺术创作

及其他文化活动的自由。

受教育权是指公民享有在各类学校、各种教育机构或通过其他方式学习科学文化知识，提高自己文化业务水平的权利。我国《宪法》第四十六条第一款规定：“中华人民共和国公民有受教育的权利和义务。”我国《教育法》第九条第二款规定：“公民不分民族、种族、性别、职业、财产状况、宗教信仰等，依法享有平等的受教育机会。”

公民有进行科学研究、文学艺术创作和其他文化活动的自由。国家对于从事教育、科学、技术、文学、艺术和其他文化事业的公民的有益于人民的创造性工作，给以鼓励和帮助。

8. 特定主体权利

我国宪法对特定主体设置专条，给予特定保护。宪法中的特定主体包括妇女、离退休人员、军烈属（因公牺牲军人的遗属）、母亲、儿童、老人、青少年、华侨等。这些权利主体在家庭和社会生活中往往处于弱势地位，其权益极易受到侵犯，所以必须予以特殊保护。

法律讲堂

无法上学的孩子

江某和钟某离婚后，双方约定儿子由钟某抚养，江某每月支付抚养费直到孩子独立生活为止。之后的日子里，钟某将婚姻的不幸转嫁到孩子身上，以种种理由拒绝让父子相见。更为严重的是，钟某没有工作，靠亲人接济为生，孩子想上学读书，但是她不让儿子上学，江某多次找钟某协调，但钟某仍拒绝送孩子上学，严重影响了孩子的健康成长。江某向法院起诉要求变更抚养权，该市未成年保护办公室和市妇联在了解情况之后，双方联合取证，并作为未成年保护组织出庭支持江某诉讼。

法院经审理认为，适龄儿童接受义务教育是家长的义务，根据大量证据材料，证明钟某作为法定监护人，剥夺自己儿子的受教育权，严重影响了孩子的身心健康发展，侵犯了未成年人的合法权益。为了保护孩子的受教育权（见图 5-8），保障其健康成长，法院在事实证据充分的情况下，依法变更了孩子的抚养权。

图 5-8　受教育权

（二）我国公民的基本义务

公民在享有宪法规定的各项权利的同时，还必须履行宪法规定的义务。公民的基本义务是指依照宪法公民应当履行的最主要、最基本的责任。我国《宪法》规定，公民的基本义务有：维护国家统一和全国各民族团结，遵守宪法和法律，维护祖国安全、荣誉和利益，保卫祖国、抵抗侵略、依法服兵役和参加民兵组织，依法纳税等。

1. 维护国家统一和全国各民族团结

国家的统一和全国各民族的团结，是建设中国特色社会主义事业取得胜利的基本保证，也是实现公民基本权利的保证。全体公民必须自觉履行这一义务，坚决反对任何分裂

国家和破坏民族团结的行为，并坚决同破坏国家统一和民族团结的行为做斗争。

2. 遵守宪法和法律

遵守宪法和法律是公民最基本的义务。保守国家秘密，爱护公共财产，遵守劳动纪律，遵守公共秩序，尊重社会公德，这些都是公民遵守宪法和法律的具体表现。

3. 维护祖国安全、荣誉和利益

维护祖国安全、荣誉和利益是保障社会主义现代化建设和改革开放顺利进行的需要，任何公民不得为一己私利或小集团利益而有损国家的安全、荣誉和利益。如果危害国家安全，给国家利益造成损害，要依法追究其刑事责任。

4. 保卫祖国、抵抗侵略、依法服兵役和参加民兵组织

保卫祖国、抵抗侵略是每个公民应尽的职责，也是维护国家独立和安全的需要，是保卫社会主义现代化建设、保卫人民幸福生活的需要。依法服兵役和参加民兵组织是公民的光荣义务。

5. 依法纳税

税收是国家建设资金的重要来源，也是国家财政收入的重要来源。税收取之于民，用之于民。自觉纳税是公民社会责任感和国家主人翁地位的具体体现，每个公民都应该自觉诚实纳税，履行公民的基本义务。

法律讲堂

海外代购也应纳税

2018 年，王某辞掉了原来的工作，从事职业代购。在明知将境外采购的货物带入境需要缴纳税款的情况下，半年多的时间里，王某仍将在日本、韩国大量采购的化妆品、奢侈品等货物，以行李藏匿、包通关物流等方式走私入境，通过购物平台销售牟利。因为没有缴税，王某售卖的产品售价比正规渠道便宜不少。2019 年年初，在一次代购回国过机场检查时，某市机场海关发现王某行李图像显示异常。该市机场海关缉私局分局对王某走私普通货物一事进行立案侦查。经查，王某 2018 年年中至 2019 年年初半年多的时间内，多次往返境外代购，累计境外代购货值约 280 万元，涉嫌偷逃税款 80 余万元。

在生活中，海外代购已成规模，在很多人看来似乎没什么不妥，但是这并不代表它就合法。贸易进口的商品，一般需要缴纳增值税、消费税和关税。依法纳税（见图 5-9）是公民的义务，公民应有自觉纳税的意识。本案中王某的做法应该引起我们的警惕。

图 5-9 依法纳税

（三）树立正确的权利与义务观

中职学生要树立正确的权利与义务观，依法行使公民权利，自觉履行公民义务。

第一，坚持公民权利和义务相统一的原则。在我国社会主义条件下，公民的权利与义务是统一的。一方面，权利与义务是不可分割的；另一方面，权利与义务是相辅相成的。公民在法律上既是权利的主体，又是义务的主体。权利的实现需要义务的履行，义务的履行确保权利的实现。根据权利与义务统一的原则，我国《宪法》第三十三条第四款规定："任何公民享有宪法和法律规定的权利，同时必须履行宪法和法律规定的义务。"在我们社会主义国家，不存在只享有权利不履行义务的公民，也不存在只履行义务而不享有权利的公民，只有把认真行使公民权利和自觉履行公民义务结合起来，才是正确的态度。

第二，坚持个人利益和国家、集体利益相结合的原则。在我国，国家、集体利益和公民的个人利益在根本上是一致的。我们在行使公民权利和履行公民义务时，必须把国家利益和个人利益结合起来。行使权利不得超越国家法律许可的范围，不得损害国家的、集体的利益和其他公民的合法权益。当个人利益和国家利益相矛盾时，要把国家利益放在第一位，自觉做到个人利益服从国家和集体利益。例如，公民在行使集会、游行、示威自由的权利时，如果超越社会主义法制的界限，破坏工作秩序、生产秩序和社会秩序，必然影响到其他机关和群众的正常工作，影响到社会主义现代化建设的顺利进行，从而损害了国家利益。这实际上不是行使公民权利，而是一种违法行为，应受到法律的制裁。

实践活动　开展宪法诵读、宪法手抄报系列活动

开展宪法诵读、宪法手抄报系列活动，目的是大力弘扬法治精神，增强同学们的法律意识和法治观念，让同学们领会宪法的精神，了解我国宪法内容，自觉维护宪法权威与尊严。

【宪法诵读活动】

首先，准备宪法文本。其次，确定本周诵读的内容。最后，选定领读人。全体同学在领读人的带领下，诵读宪法内容。

【宪法手抄报活动】

认识宪法

诵读结束后，同学们之间相互交流诵读宪法的感受，并制作以宪法为主题的手抄报。手抄报的内容可以参考中职学生如何弘扬宪法精神，学习宪法的意义，宪法日设立的意义，生活中遵守和实施宪法的具体做法，宪法保障了我们受教育权利的事例，宪法保护了老人、妇女和儿童的事例等。

过程记录

活动开展计划：

活动开展关键点：

活动开展难点及解决方案：

心得体会：

活动评价

教师可参考表 5-1 对宪法诵读、宪法手抄报系列活动进行评价。

表 5-1　宪法诵读、宪法手抄报系列活动评价表

评价标准	分值	分数小计	教师评价
同学们诵读宪法态度认真，声音洪亮	30 分		
同学们积极主动地分享自己学习宪法的感受，对宪法有自己的见解	30 分		
手抄报制作精美，内容有新意	40 分		

专题二　明确宪法至上，保证宪法实施

透视生活

国家为了增强青少年的宪法意识，通过多种途径开展了多种活动，包括举办青少年宪法教育主题展（见图 5-10）、开设宪法主题公园（见图 5-11）、举行宪法诵读活动（见图 5-12）、开展宪法宣传会（见图 5-13）等。我国第一家宪法主题纪念场馆——“五四宪法”历史资料陈列馆设立了“青少年宪法教育主题展”，为进一步深入开展青少年法治教育提供一个新阵地、新空间，让宪法精神看得见、摸得着，让青少年感受到宪法就在身边，努力让宪法知识和法治精神在青少年学生的心中生根发芽，引导青少年学生自觉成为宪法的忠实崇尚者、自觉遵守者、坚定捍卫者！

图 5-10　青少年宪法教育主题展

图 5-11　宪法主题公园

图 5-12　宪法诵读活动

图 5-13　宪法宣传会

议一议　谈谈你对“宪法的生命在于实施，宪法的权威也在于实施”这句话的理解。

一、我国宪法监督制度

权力行使需要接受监督，监督是权力正确行使的根本保证，不接受监督的权力将导致腐败。为了保证国家机关严格按照宪法和法律行使权力，我国建立了完备的监督公权力行

使的制度体系，在这一监督体系中，宪法监督制度具有基础性意义。

宪法监督制度是指特定的国家机关依据一定的程序，审查和裁决法律、法规和行政命令等规范性文件是否符合宪法，以维护宪法权威、保证宪法实施和保障公民宪法权利的制度。

法律讲堂

2014 年 10 月，中国共产党第十八届中央委员会第四次全体会议通过的《中共中央关于全面推进依法治国若干重大问题的决定》(以下简称《决定》)(见图 5-14)是一个具有里程碑意义的纲领性文献。

在健全宪法监督机制方面，《决定》强调："完善全国人大及其常委会宪法监督制度，健全宪法解释程序机制。加强备案审查制度和能力建设，把所有规范性文件纳入备案审查范围，依法撤销和纠正违宪违法的规范性文件，禁止地方制发带有立法性质的文件。"

图 5-14　《决定》

（一）我国宪法监督的机关

我国宪法规定，全国人大及其常委会行使监督宪法实施的职权，全国人大常委会有权解释宪法和法律；地方各级人大在本行政区域负有保证宪法和法律实施的职责。

（二）我国宪法监督的内容

我国宪法监督的内容主要包括：合宪性审查和监督，即审查法律、法规等规范性法律文件的合宪性，使其与宪法不抵触；审查国家机关及其工作人员等的违宪行为，追究其违宪责任，维护宪法权威。

分组讨论

在某市第五届人大常委会第六次会议上，该市政府提交的《关于政府采购法贯彻执行情况的报告》经市人大常委会组成人员审议后，未获通过。

谈一谈市政府提交的报告未通过，表明人大常委会与市政府之间存在着怎样的关系，这说明了什么问题。

（三）健全宪法监督制度

全面依法治国需要我们健全宪法实施和监督机制，不断加强宪法监督工作。要完善全国人大及其常委会宪法监督制度，健全监督机制和程序，使其更好地担负起宪法监督职责。要健全宪法解释程序机制，推进合宪性审查工作，加强备案审查制度和能力建设，加强对宪法实施情况的监督检查，维护宪法权威。对于任何违反宪法的行为，都必须予以追究和纠正。

二、增强维护宪法尊严、保证宪法实施的意识

加强宪法监督，既需要完备的制度保障，又需要人们增强维护宪法尊严、保证宪法实施的意识。政府设立国家宪法日与宪法宣传周、建立宪法宣誓制度等，是为了增强公民的宪法意识。宪法与每个人息息相关，我们的一生都离不开宪法的保护。作为中职学生，我们要增强维护宪法尊严、保证宪法实施的意识，热爱宪法，捍卫宪法。

首先，我们要学习宪法。我们不仅要了解我国宪法产生和发展的历程，还要在理解我国宪法主要内容的基础上，着重领会我国宪法的原则和精神。同时，还应积极参与宪法宣传活动，让宪法走近群众，深入人心，为增强全社会的宪法意识贡献自己的力量。

分组讨论

“宪法法律的权威源自人民的内心拥护和真诚信仰。”结合社会实际和生活感受谈谈你对这句话的理解。

其次，我们要认同宪法。我国现行宪法符合国情、符合实际、符合时代发展要求，充分体现了人民共同意志，充分保障了人民民主权利，充分维护了人民根本利益。我们要理解并认同宪法的价值，增强对宪法的信服和尊崇，自觉接受宪法的指引与要求，将宪法铭刻于心，让宪法精神在心中生根发芽，开花结果。

最后，我们要践行宪法。我们要将宪法原则转化为自己的行为准则，落实在实际行动中。在日常生活中，我们要严格遵守宪法和法律规定，学会运用宪法精神来分析和解决学习和生活中的实际问题；坚决维护宪法的权威和尊严，自觉抵制各种妨碍宪法实施、损害宪法尊严的行为。

分组讨论

小明同学在班会上介绍了他本学年所做的几件有意义的事情。

某天我乘坐公交车，公交车上有一名乘客发现自己的钱包被偷后，要求对全体乘客进行搜查，我表示了反对。

我把寒假社会实践活动的成果《本地区礼仪文化与法治教育建设倡议书》发到了县政府网站的“县长信箱”里。

县人大代表换届选举时，父母在我的提醒和陪同下，进行选民登记，领取选民证，参加投票选举。

结合小明同学的上述行为，说说你在生活中遵守和维护宪法的具体做法。

宪法的生命在于实施，宪法的权威也在于实施。建设社会主义法治国家，需要我们坚持宪法至上，自觉践行宪法精神，积极推动宪法实施。

分组讨论

《宪法》第二十七条第三款规定：“国家工作人员就职时应当依照法律规定公开进行宪法宣誓。”

哪些国家工作人员就职时需要进行宪法宣誓？谈一谈国家工作人员在就职时公开进行宪法宣誓的意义。

实践活动　观看宪法宣誓视频、模拟宪法宣誓系列活动

宪法宣誓制度是法治精神的一种生动的表达，宣誓是一种郑重的承诺，誓词是沉甸甸的诺言。观看宪法宣誓视频是为了增强同学们的宪法意识，强化其对宪法的尊崇；模拟宪法宣誓是为了让同学们从内心深处生发和强化对宪法的敬畏感、认同感和归属感，通过鲜明的仪式象征，激发和强化同学们对宪法的忠诚和信仰。

【观看宪法宣誓视频】

组织同学们观看国家工作人员就职时进行宪法宣誓的视频，感受庄严肃穆的宣誓仪式。

观看完宪法宣誓视频后，老师组织全体同学举行宪法讨论活动，让大家说说观看视频的感受，以及对宪法的领悟。

【模拟宪法宣誓活动】

宪法宣誓活动按照奏唱中华人民共和国国歌、发放《中华人民共和国宪法》、集体宣誓的流程进行。领誓人左手抚按《中华人民共和国宪法》，右手举拳，领诵誓词（见图 5-15）；其他同学整齐排列，右手举拳，跟诵誓词。

图 5-15　宪法宣誓

【宪法宣誓誓词】

我宣誓：忠于中华人民共和国宪法，维护宪法权威，履行法定职责，忠于祖国、忠于人民，恪尽职守、廉洁奉公，接受人民监督，为建设富强民主文明和谐美丽的社会主义现

代化强国努力奋斗！

宣誓人：×××

过程记录

活动开展计划：

活动开展关键点：

活动开展难点及解决方案：

维护宪法尊严

心得体会：

活动评价

教师可参考表5-2对观看宪法宣誓视频、模拟宪法宣誓系列活动进行评价。

表5-2　观看宪法宣誓视频、模拟宪法宣誓活动系列评价表

评价标准	分值	分数小计	教师评价
全体同学一起观看宪法宣誓视频	25分		
宪法讨论活动气氛热烈，每个同学都积极与其他同学交流自己的想法	25分		
同学们均积极发言，对宪法宣誓制度有自己的理解	25分		
宪法宣誓仪式庄重、严肃，同学们的态度认真、声音洪亮	25分		

第六讲

遵循法律规范

06

新精神、新要求

党的十九大报告指出：

加大全民普法力度，建设社会主义法治文化，树立宪法法律至上、法律面前人人平等的法治理念。

学习目标

- **认知：** 了解法律与纪律的关系；了解违法行为的分类；了解民事法律行为的有效条件；了解犯罪种类和刑罚的目的；了解民事诉讼和行政诉讼的基本程序。
- **领会：** 理解法律的特征和作用；理解我国民法的基本原则；理解民事权利和民事责任；理解我国刑法的基本原则；理解犯罪的特征和构成条件。
- **提高：** 增强法治意识，提升法治素养，做到尊法、学法、守法、用法。

专题一　学法知法懂法，增强遵纪守法意识

透视生活

2019 年 10 月，电影《少年的你》（见图 6-1）热映，该影片再一次把校园欺凌这个社会现象变成公众关注的焦点。中国人民大学中国调查与数据中心的一项调查数据显示，49.6%的初中生在校园内遭受过言语欺凌，37.7%遭受过社交欺凌，19.1%遭受过肢体欺凌；网络欺凌作为校园暴力的新形式，其发生率也高达 14.5%。校园欺凌会给被欺凌者造成身体和心灵上的双重伤害，还会严重影响学校的风气，更有甚者可能会走上犯罪的道路，危害社会安定。因此，校园欺凌已成为一个亟待解决的社会问题。

面对校园欺凌，受害者究竟该如何拿起法律武器维护自身的合法权益呢？当校园欺凌行为发生后，如果侵权行为不是很严重，当事双方可以通过协商来解决矛盾，也可以请第三方（学校、公安、法院等）帮助受害一方与对方协商，争取达到“案结、事了、人和”的结果。

《未成年人保护法》解读

如果侵权行为较为严重，受害者可以向法院提起民事诉讼，追究欺凌者（学生）或监护人（家长）的民事责任。《中华人民共和国民事诉讼法》第二十九条规定：“因侵权行为提起的诉讼，由侵权行为地或者被告住所地人民法院管辖。”被欺凌者可以要求欺凌者（学生）或监护人（家长）承担停止侵害、消除危险、返还财产、恢复原状、赔偿损失、赔礼道歉等民事责任。此外，对于情节十分严重的，受害者可以向欺凌行为发生地的公安机关报案，追究欺凌者（学生）本人的刑事责任。

图 6-1　《少年的你》剧照

议一议

结合日常生活，谈谈应该如何做一个遵纪守法的人，怎样才能增强自身的遵纪守法意识，并学会用法律武器来保护自己的合法权益。

一、法律的特征及作用

（一）法律的特征

法律是由国家制定或认可，以规定权利和义务为内容，并以国家强制力保证实施的行为规范。具体来说，其主要特征可归纳为以下几点。

1. 法律是由国家制定或认可

由国家制定或认可是国家创制法律的两种基本形式。其中，制定是指国家根据社会生活发展的需要，通过相应的国家机关按照法定程序制订、修改和废止各种规范性法律文件；认可是指国家以一定形式赋予在社会生活中早已存在的某种行为规则以法律效力。

2. 法律是规定人们权利和义务的行为规范

法律在内容上与其他社会规范不同，它通过规定人们的权利和义务（见图 6-2）来实现调整社会关系和社会秩序的目的。权利是指法律所确认和保障的人们可以从事某种行为的权能。义务是指法律规定的人们必须履行某种行为的责任。法律规定的权利和义务都是由国家确认并予以保障的。

图 6-2　法律规定人们的权利和义务

3. 法律是由国家强制力保证实施的行为规范

法律是由国家强制力保证实施的行为规范，对违法和犯罪行为，国家将通过一定的程序对行为者进行制裁，因此，国家强制力是法律的最后一道防线。

4. 法律以程序性为重要标志

与只作实体规定，不作或极少作程序规定的其他社会规范不同，法律既作实体规定，又作程序规定。法律程序是指立法、执法、司法中的过程和步骤。程序性是法律区别于其他社会规范的重要标志之一。

5. 法律具有普遍约束力

法律是一种国家意志，并由国家强制力保障实施，这就决定了法律具有人人必须遵守的普遍约束力。法律的普遍约束力是指法律作为一个整体，在一个国家主权范围和法律所规定的界限内，具有使一切国家机关、社会组织和公民遵行的效力。

（二）法律的作用

法律是调整人们行为或社会关系的规范，所以它具有规范作用和协调作用。

1. 法律的规范作用

从形式上看，法律是一种具有国家强制力的权威性的规范体系，它具有指引、评判和教育等作用，这些作用就是法律的规范作用。

法律的指引作用表现为法律作为一种行为规范，为人们提供某种行为模式，指引人们可以这样行为、必须这样行为或不得这样行为，从而对行为者本人的行为产生影响。换言之，法律的指引作用是通过规定人们的权利和义务来实现的。

法律的评判作用表现为法律对人们的行为是否合法或违法及其程度具有评判、衡量的

作用。法律的评判作用强调的是把法律作为评判标准和尺度，用法律来衡量和评判人们的行为。

法律的教育作用表现为法律把国家或者社会的价值观念转化为明确的行为模式，并灌输给人们，使人们潜移默化地形成遵守法律的习惯。法律的教育作用一般通过三种方式来实现：一是通过法制教育宣传（见图 6-3），使人们知法、懂法和守法；二是通过对各种违法犯罪行为进行惩罚和制裁，使违法犯罪者和其他社会成员受到教育；三是通过奖励先进，表彰合法行为来激励人们形成遵纪守法的意识。

图 6-3　法制教育宣传

2. 法律的协调作用

在生活中，我们既受到法律的约束，又受到法律的保护。法律可以协调人与人之间的关系，解决人与人之间的纠纷或矛盾，还可以通过解决纠纷和制裁违法犯罪，惩恶扬善、伸张正义，维护我们的合法权益。

分组讨论

某中学年初开学后有好几名学生无故退学。学校调查后得知，这几名学生所在家庭都有足够条件供子女上学，他们退学的原因是家长想让孩子外出打工挣钱。校领导多次上门做家长思想工作无果后，学校会同乡教育管理部门向人民法院起诉这几名家长。法院依法责令这些家长督促孩子尽快返校。几天后，这几名学生陆续由家长送回学校。

想一想在该案例中体现了法律的什么作用，并试举你所知道的一些事例进一步理解法律的作用。

二、法律与纪律的关系

法律是由国家制定的、受国家强制力保证实施的、要求所有公民都必须严格遵守的行为规范。而纪律是在一定社会条件下及一定范围内形成的，是一种集体成员必须遵守的规章、条例的总和，是要求人们在集体生活中遵守秩序、执行命令和履行职责的一种行为规则。它是在不同环境中对人们的行为和思想所提出的要求不同，主要用于对人们的行为进

行规范。

法律与纪律作为调整人们行为的主要社会规范，既有相似性，也有差异性。二者的相似性体现在它们都具有社会性、强制性的特点，也都会随着社会的发展而有所变化。二者的差异性主要体现在以下几点。

（一）法律具有更广泛的普遍适用性

法律是由国家制定的一国之内所有公民都必须遵守的规定；而纪律只是针对一定范围内成员的。

（二）法律具有更强的稳定性

法律是由国家机关制定的，有很广泛的适用范围，一旦成文，就不能随便更改；而纪律是小范围适用的规定，随着适用范围情况的变化，是可以随时修改的，所以其稳定性相对来说要弱一点。

（三）法律的程序性要求更加严格

法律程序的每个环节，从立法到执法、司法，都存在严格的程序规定，违反程序规定会被认定为程序违法；而纪律也有一定的程序要求，但没有这么严格。

三、违法行为分类

违法行为是指违反现行法律，给社会造成某种危害的、有过错的行为。

按照情节严重程度，违法行为可分为一般违法行为和严重违法行为（即犯罪行为）。其中，一般违法行为是指违反刑法以外的其他法律的行为，它的社会危害性较小、情节较轻，还未达到犯罪的程度。严重违法行为是指触犯刑法，并且受刑罚处罚的行为，它的社会危害性较大、情节较重。

按照所违反的法律，可将违法行为分为违宪行为、刑事违法行为、民事违法行为和行政违法行为。其中，违宪行为是指国家机关制定的某种法规及国家机关、社会组织或公民的某种活动、行为与宪法的规定相抵触的行为；刑事违法行为是指违反刑法应受刑罚处罚的行为，也就是犯罪，是一种严重的违法行为；民事违法行为是指违反民事法律法规的行为，行为人要承担民事责任；行政违法行为是指违反行政管理法律法规的行为，行为人要受到行政制裁。

法律讲堂

保卫国家，人人有责。某市的“95后”青年孙某在应征服兵役后，因怕苦怕累、不愿意受部队纪律约束，以各种理由逃避服兵役，最终由部队按照相关规定作出退兵处理，并追究其法律责任。该市人民政府依据相关规定，对孙某作出罚款 10 万元、开除团籍、全市政府企事业单位禁止招聘孙某、2 年内不得出国(境)或者升学、3 年内不得经商和贷款等 9 项处罚。

该市人民政府依法对孙某作出处罚决定，不仅维护了国家法律的权威性，体现了国家强制力保证法律实施的严肃性，同时也对其他适龄青年起到了一定的教育和警示作用，有助于他们提升守法意识。

服兵役是法律规定的公民义务，对任何公民都具有普遍约束力。依照法律服兵役和参加民兵组织是中华人民共和国公民的光荣义务。

实践活动 “法律进校园”法制宣传系列活动

开展“法律进校园”法制宣传系列活动，目的是让学生认识不良行为的危害，懂得法律的重要性，从而增强遵纪守法的意识，提升抵制违法行为的能力。

【法治手抄报活动】

请学生围绕“如何做一个遵纪守法的人”这个主题搜集、分析相关资料与案例，并制作法治手抄报。

【手抄报评选活动】

举行手抄报评选活动，由参赛人员向大家介绍自己的手抄报，并阐述自己对法律知识的理解和对违法行为的看法。最后，由全班同学进行投票，评选出优秀手抄报，并张贴于学校宣传栏中。

过程记录

活动开展计划：

活动开展关键点：

活动开展难点及解决方案：

心得体会：

活动评价

教师可参考表 6-1 对“法律进校园”法制宣传系列活动进行评价。

表 6-1　“法律进校园”法制宣传系列活动评价表

评价标准	分值	分数小计	教师评价
同学们制作的手抄报主题明确，内容贴近实际	40 分		
同学们积极参加活动，对法律相关知识理解到位	30 分		
优秀手抄报版式新颖，制作精美	30 分		

专题二　保护自身权益，依法处理民事关系

透视生活

第十三届全国人大三次会议表决通过的《中华人民共和国民法典》(以下简称《民法典》，见图 6-4）被誉为“社会生活的百科全书”，其内容涵盖了社会生活的方方面面，与每个人的权利息息相关。

《民法典》是中华人民共和国成立以来首部以“法典”命名的法律，它的通过标志着我国从民事单行法时代迈入民法典时代。自《民法典》诞生之日起，就引起了广大网民的关注和热议。网民们纷纷表示：这部镌刻人民权利的法典，将深刻影响人们的生活；公平正义的阳光，将温暖地照耀无数人追梦的征途。

网友 A：生活中的点点滴滴都有法可依了，《民法典》能为我们的一生保驾护航。

网友 B：不管是对公民人身权、财产权的保护，还是具体到高空抛物、“套路贷”“校园贷”、旅客霸座、手机 APP 收集信息、孩子给游戏大额充值、小区电梯广告收益等社会关切的问题，《民法典》中均有直接回应。

网友 C：这部权威、严谨的《民法典》，更像是一部信息时代的“生活指南”。如何应对烦不胜烦的骚扰电话？遇到摄像头偷拍该怎么处理？AI 换脸、伪造他人声音算不算侵权？这些在信息时代出现的新问题也都能在民法典中找到答案，足以彰显它的与时俱进。

《民法典》的实施是我国法治建设领域中的一件大事，这不仅体现在立法、司法、执法等环节和程序中，也需要每位公民、每个民事法律主体参与其中，做到尊重法律、敬畏规则。只有大家共同努力，才能使这部具有中国特色、体现时代特点、反映人民意愿的法典发挥最大效用，进而推动中国的法制建设再上新台阶。

图 6-4　民法典

议一议

请联系自己的实际生活，谈谈你对“民法保护着我们一生”的看法。

一、我国民法基本原则

民法是我国法律体系中最重要的法律之一，它是调整平等主体（自然人、法人、其他组织）之间财产关系和人身关系的法律规范的总称。民法与人们日常生活的关系最为直接和密切。

民法的基本原则既是民事立法的指导方针，也是民事主体从事民事活动和法院审判民事案件的基本准则。民法的基本原则主要包括以下几项。

（一）平等原则

平等原则是我国民法的首要原则和核心原则。该原则是指参加民事活动的当事人在民事活动中的地位一律平等（见图 6-5）。其具体内容包括：① 自然人的民事权利能力一律平等；② 民事主体在民事法律关系中的法律地位平等；③ 民事主体在民事活动中平等地享受民事权利和承担民事义务；④ 民事主体平等地受法律保护，在适用法律上一律平等。

图 6-5 民事活动中人人平等

（二）自愿、公平、等价有偿、诚实信用的原则

本条原则不仅是当事人在民事活动中地位平等原则的具体化，还是平等原则的体现和保证。

1. 自愿原则

自愿原则主要是指当事人在民事活动中，可以充分表达自己的真实意愿，并能根据自己的意愿决定民事关系的设立、变更和终止，任何组织和个人不得非法干预。当事人在受胁迫、受欺诈的情况下所表达的意愿均无效。

2. 公平原则

公平原则是指在民事活动中，当事人要以公平、正义的理念来指导自己的行为。公平原则主要包含三个方面的具体内容：① 参与民事活动的各方当事人机会要均等，要正当竞争，不能采取不正当的竞争手段；② 当事人的利益要合理兼顾；③ 当事人要合理承担民事责任。

3. 等价有偿原则

等价有偿原则是指当事人一方取得的财产与其履行的义务，应在价值上大致相等，不能无偿地占用、调拨、征用另一方的财产。当然，除法律另有规定外，民法并不干预当事人依法无偿转移自己的财产或放弃民事权利，如赠予、遗赠行为。

4. 诚实信用原则

诚信既是道德要求，也是一项法律原则。诚实信用原则是指参与民事活动的当事人应当诚实不欺、守诺言、讲信用，不损害他人的正当利益和社会公共利益。

（三）保护公民、法人合法权益原则

保护公民和法人的民事权利不受侵犯，是我国法律的基本任务，也是我国民法的宗旨和基本原则。该原则的基本含义包括：① 任何公民和法人的合法权益均受法律保护；② 当自身的合法民事权益受到非法侵害时，公民和法人都有权向人民法院提起诉讼，请求法律保护；③ 任何公民和法人都不得非法侵害其他公民和法人的合法民事权利，否则，就要承担相应的民事责任。

（四）公序良俗原则

公序良俗原则是指民事主体的行为不得违背社会的公共秩序和善良风俗，不得违背社会主体成员所普遍认可的道德准则。

（五）禁止民事权利滥用原则

禁止民事权利滥用原则是指当事人在行使民事权利时，不得超越正当范围，从而损害国家的、集体的、社会的利益和其他公民的合法权益，否则将承担相应的民事责任。

（六）遵守法律和国家政策原则

遵守法律和国家政策原则是指民事活动的目的、内容、形式和程序都要符合法律规定和国家政策。如果当事人从事了违反法律和政策的民事活动，国家有权依法干预。

（七）维护社会公共利益原则

维护社会公共利益原则是指民事活动的当事人应当遵守社会公德，做到不损害社会公共利益，不扰乱公共秩序。

分组讨论

小张和小刘是邻居，小张生病住院急需用钱，小刘拿出 3 万元送上门，说：“先用着，以后再还。”小张病愈后，小刘追要 3 万元钱。小张说那些钱是赠予的，可以不还，但小刘称当初是借钱给小张，要求小张归还。

想一想在上述案例中，小张的行为违反了哪些民法基本原则，并说明理由。

二、民事法律行为的有效条件

民事法律行为的有效条件是判定某项民事法律行为是否应受民法保护的标准。一般来说，民事法律行为的有效条件主要包括以下几个方面的内容。

（一）行为人具有相应的民事行为能力

所谓相应的民事行为能力，是指行为人所具有的行为能力状态与其所为的民事法律行为相适应，并且达到法律对该行为人应具有的行为能力的要求。

我国《民法典》根据公民的不同年龄、智力水平和精神健康状况，将公民的民事行为能力分为三种：完全民事行为能力、限制民事行为能力和无民事行为能力。具体内容如表 6-2 所示。

表 6-2　民事行为能力分类表

行为能力	分类标准
完全民事行为能力	（1）18 周岁以上的自然人； （2）16 周岁以上的未成年人，以自己的劳动收入为主要生活来源的
限制民事行为能力	（1）8 周岁以上的未成年人； （2）不能完全辨认自己行为的成年人
无民事行为能力	（1）不满 8 周岁的未成年人； （2）不能辨认自己行为的成年人

其中，完全民事行为能力人可以独立进行民事活动，不受限制；限制民事行为能力人可以进行与其年龄、智力相适应的民事活动，其他的民事活动必须由其法定代理人代为行使，或在征得其法定代理人同意后才能行使；无民事行为能力人原则上不得从事任何民事活动，其行为只能由其法定代理人代理。但限制行为能力人、无行为能力人可独立实施单纯获得利益的民事行为。

（二）意思表示真实

意思表示真实是民事法律行为的核心要素。要达到意思表示真实通常要满足两个要求：一是意思表示自由，即行为人不是在受他人欺诈、胁迫的情况下作出违背其内心意愿的行为；二是意思表示无误，即行为人表达的意思是其内心真实意愿，并非因重大误解等原因而表错意。

（三）不违反法律或社会公共利益

这是民事法律行为合法性的本质要求。所谓不违反法律，是指民事法律行为的内容不得与法律的强制性或禁止性规范相抵触。这里所说的法律，不仅包括国家颁布的各种法律、法规和各级政权机关发布的决议、命令、条例等行为规范，还包括国家现行政策。所谓不违反社会公共利益，是指行为人实施的民事法律行为必须符合全体人民的共同利益，不得有损社会公共秩序和社会公德等。

三、民事权利和民事责任

（一）民事权利

以民事权利所体现的利益性质为标准，民事权利可分为财产权和人身权两大类。

1. 财产权

法律规定，财产权的目的是确定财产的归属，促进财产的流通使用。财产权包括所有权、用益物权和担保物权等。

（1）所有权：是指权利人可以支配其所有物，能依照自己的意愿占有、使用、收益和处分，并享有其利益的权利。我国的所有权按主体可划分为三类：国家所有（全民所有）、集体所有和私人所有（见图6-6）。

图6-6　所有权主体

（2）用益物权：是指以财产的使用收益为目的的物权。我国物权法规定的用益物权主要包括土地承包经营权、宅基地使用权、建设用地使用权等。其中，土地承包经营权是指农业生产经营者对集体所有或国家所有的土地进行占有、使用、收益的权利。宅基地使用权是指农村村民依法享有在集体所有的土地上建造住房及其他附着物的权利。建设用地使用权是指建设用地使用权人依法享有在国家所有土地上建造建筑物、构筑物及其附属设施的权利。对于公民来说，建设用地使用权往往与商品房的所有权相联系，人们从房地产开发商那里购买商品房，并办理产权过户手续，取得房屋所有权证后，就拥有了该商品房的所有权。但是，开发商应当办理国有土地使用权证，才能证明该商品房用地的合法性。

（3）担保物权：是以担保债权的实现为目的而产生的一类财产权。财产所有人可以将其财产（如房屋、汽车、股票、电脑）设定抵押或质押，一旦债务不能得到清偿，债权人就可以将该财产折价或者以拍卖、变卖该财产的价款优先受偿。根据我国物权法、担保法等法律的规定，担保物权包括抵押权、质权、留置权等。

2. 人身权

人身权是以人身利益为内容，与权利主体不可分离的民事权利。人身权主要包括生命权、健康权、身体权、肖像权、隐私权、名誉权等。

（1）生命权：是以自然人的生命安全利益为内容的人身权。生命的存在和享有是每个人的最高人身利益，生命安全是自然人从事民事活动及其他一切活动的前提和基本要求。

（2）健康权：是自然人依法享有保持其生理机能正常及其健康状况不受侵犯的权利。健康主要包括身体健康和心理健康两个方面，无论对哪一方面的侵害，都将构成对自然人健康的侵害。

（3）身体权：是自然人依法享有保护自己身体不受他人违法侵犯的权利。身体权的主体是自然人，其客体为自然人的身体及其利益。

（4）肖像权：是自然人对其外部形象所享有的人格利益。自然人对自己的肖像享

有再现、使用和排除他人侵害的权利。他人未经本人同意，不得以营利为目的使用其肖像。

法律讲堂

用“买家秀”做广告宣传，网店因侵犯肖像权被判赔万余元

2020 年 3 月 25 日，温州市鹿城区人民法院宣判一起肖像权纠纷案，一家网店未经他人同意，擅自使用未成年人照片作为网店广告宣传，被判赔公开赔礼道歉，赔偿经济损失、精神损害抚慰金等费用合计 15 820 元。

2019 年年初，温州市区戴女士在一家销售玩具、服装的网店为 4 岁的女儿琳琳购买了一辆儿童三轮脚踏车。可没过多久，戴女士的朋友就在这家店铺中看到琳琳骑着脚踏车的照片，随即告诉了戴女士。

根据戴女士回忆，这张照片确实是她自己拍的，并发到了自己的微博上。但是不知道怎么回事，这张照片竟被卖家擅自用到网店的宣传视频中，而且使用了琳琳照片“打广告”的儿童三轮脚踏车月销量接近 700 件。

女儿的照片未经同意就被用于网店宣传，戴女士与店铺协商未果，便委托公证处进行了保全证据公证。2019 年 10 月，戴女士作为琳琳的法定代理人将网店起诉至鹿城区人民法院，要求网店停止侵权、公开赔礼道歉，并赔偿经济损失、精神损害抚慰金等费用合计 15 820 元。

鹿城法院经过审理后认为，公民的肖像权受法律保护。被告网店未经琳琳及其法定代理人的同意，以营利为目的使用了琳琳的肖像，侵犯了琳琳的肖像权，琳琳的诉求于法有据，法院予以支持，遂作出上述判决。

通过这个案例可以看出，未成年人和成年人一样享有肖像权，以其肖像制作的照片、画像、雕像、视频等，受到法律的保护。未经未成年人及其法定代理人的同意，任何人都不得以营利为目的侵犯未成年人的肖像权。

（5）隐私权：是自然人享有的对其个人的与公共利益无关的个人信息、私人活动和私有领域进行自主支配的一种人格权。隐私权的主体是自然人，自然人享有私人生活安宁与私人秘密不被他人非法侵扰、知悉、收集、利用和公开的权利。

（6）名誉权：名誉是指公民或法人的品德、才干、信誉等在社会中获得的社会评价。名誉权是指公民或法人对自己在社会生活中所获得的社会评价依法所享有的不可侵犯的权利。

人身权是人生存和发展的基本权利，没有人身权，我们就无法参加社会生活中的各种活动。因此，中职学生要充分认识人身权在自己生活、学习及其他活动中的重要性，认真学习和理解我国民法中有关保护人身权的法律规定，增强权利意识，学会维护自己的各项人身权利。当人身权受到非法侵害时应采取正确方法，运用法律武器维护自身的合法权益，到司法机关控告、起诉。

此外，公民的权利和义务是相统一的，我们既要积极维护自己的人身权利，也要在生

活中尊重他人的人身权利，以创造良好的社会氛围，促进社会和谐。

分组讨论

小丽近来天天与朋友出去玩，在家也是手机不离身，无时无刻不在用微信聊天，小丽妈妈不知她跟谁来往，非常担心。为了及时了解女儿的情况，小丽妈妈多次偷偷地查阅小丽的手机信息及日记。

想一想小丽妈妈的行为侵犯了小丽的什么权利，并说明理由。

（二）民事责任

民事责任是指民事主体因违反民事义务，侵犯他人合法权益，依照民法所应承担的法律后果。民事责任制度对于预防民事违法行为的发生、保护民事主体的合法权益、维护社会秩序具有重要的意义。

以民事责任产生的原因为标准，可将民事责任分为侵权行为的民事责任和违反合同的民事责任两类。

1. 侵权行为的民事责任

侵权行为的民事责任是指行为人违反法律规定的义务而造成他人财产或人身损害时所应承担的民事法律后果。侵权行为的民事责任分为一般侵权行为民事责任和特殊侵权行为民事责任。

一般侵权行为民事责任的构成条件包括行为人主观上有过错；行为具有违法性；客观上存在损害事实；违法行为与损害事实之间存在因果关系。特殊侵权行为民事责任是指由法律直接规定的，无须具备一般侵权行为的构成条件而就他人人身、财产损害承担的民事责任，如就产品危害承担民事责任。

2. 违反合同的民事责任

违反合同的民事责任简称违约责任，是指当事人不履行合同义务或者履行合同义务不符合合同约定而依法应当承担的民事法律后果。

实践活动　“民法护一生”主题演讲比赛

开展以“民法护一生”为主题的演讲比赛，目的是促使学生进一步了解民法的相关知识，让他们领悟民法与我们的生活息息相关，从而增强依法处理民事关系的法律意识。

要求学生根据演讲主题查找资料，搜集现实生活中的典型民事案例融入演讲稿中。每位同学演讲的时间为三分钟，演讲结束后由老师和学生一起投票，选出优胜者，同时老师对优胜者的表现进行点评（建议从演讲稿质量、语言表达、临场反应、整体印象等方面进行点评）。

过程记录

活动开展计划：

活动开展关键点：

活动开展难点及解决方案：

心得体会：

活动评价

教师可参考表 6-3 对“民法护一生”主题演讲比赛进行评价。

表 6-3　“民法护一生”主题演讲比赛活动评价表

评价标准	分值	分数小计	教师评价
同学们兴趣浓厚，积极参与活动，气氛活跃、融洽	25 分		
演讲的同学语言表达流畅、感情充沛，极富感染力	25 分		
演讲稿紧扣主题、观点鲜明、构思巧妙、内容生动	25 分		
同学们可以将所学知识灵活运用，对民法有深入的理解	25 分		

专题三 远离违法犯罪，有勇有谋应对犯罪

透视生活

16 岁的沈某是日照市某酒店员工。因自己的收入不够花，于是就与朋友王某（另案处理）预谋“抢几个钱”。一日，沈某伙同王某窜至日照市东港区某街道菜市场处，将路经此处的学生陈某、安某拦住，对其采取殴打、语言威胁等手段，实施抢劫。不料翻遍陈某、安某全身上下，只在陈某的衣服口袋里找到 5 元钱，沈某、王某两人不甘心，又继续殴打、搜身，后来陈某、安某趁沈某不备逃跑了。过了几日，沈某到被害人所在的学校玩耍，碰巧被陈某、安某认出，沈某被抓获归案（见图 6-7）。该案起诉至法院后，法庭采纳了检察机关的指控，认定沈某的行为构成抢劫罪，判处有期徒刑一年缓刑二年，并处罚金 8 000 元。

图 6-7 抓获归案

议一议

沈某只抢了 5 元钱，法院要判罚这么重？结合上述材料，谈谈在家庭和学校生活中，应如何做到自觉预防犯罪。

一、我国刑法的基本原则

刑法是规定犯罪、刑事责任和刑罚的法律。刑法有广义和狭义之分。广义的刑法是指一切刑事法律规范的总和，它包括刑法典、刑法修正案、单行刑法和附属刑法。狭义的刑法是指《中华人民共和国刑法》（见图 6-8，以下简称《刑法》）。

图 6-8 《中华人民共和国刑法》

刑法的基本原则是指贯穿于全部刑法规范，具有指导和制约全部刑事立法和刑事司法的意义，并体现我国刑事法治基本精神的准则。我国刑法的基本原则有以下三项。

（一）罪刑法定原则

《刑法》第三条规定：“法律明文规定为犯罪行为的，依照法律定罪处刑；法律没有

明文规定为犯罪行为的，不得定罪处刑。”这一规定准确地揭示了罪刑法定原则的基本含义，即法无明文规定不为罪，法无明文规定不处罚。也就是说，什么行为构成犯罪、构成什么罪及处何种刑罚都必须依据刑法的明文规定，如果法律没有明文规定，则不认为是犯罪，也不进行处罚。

（二）刑法面前人人平等原则

《刑法》第四条规定：“对任何人犯罪，在适用法律上一律平等。不允许任何人有超越法律的特权。”这是宪法规定的公民在法律面前一律平等原则在刑法中的体现。刑法面前人人平等原则的基本含义是任何人犯罪，不论其家庭出身、社会地位、职业性质、财产状况、政治面貌、才能业绩等如何，在适用刑法上一律平等，绝不允许任何人有超越法律的特权。

（三）罪责刑相适应原则

《刑法》第五条规定：“刑罚的轻重，应当与犯罪分子所犯罪行和承担的刑事责任相适应。”罪责刑相适应原则的基本含义是犯多大的罪便应承担多大的刑事责任，即重罪重罚，轻罪轻罚，无罪不罚，罪刑相称，罚当其罪。刑罚的轻重不仅要与犯罪分子所犯罪行相适应，也要与犯罪分子承担的刑事责任相适应。

二、犯罪的特征和构成要件

《刑法》第十三条规定：“一切危害国家主权、领土完整和安全，分裂国家、颠覆人民民主专政的政权和推翻社会主义制度，破坏社会秩序和经济秩序，侵犯国有财产或者劳动群众集体所有的财产，侵犯公民私人所有的财产，侵犯公民的人身权利、民主权利和其他权利，以及其他危害社会的行为，依照法律应当受刑罚处罚的，都是犯罪，但是情节显著轻微危害不大的，不认为是犯罪。”这一规定揭示了犯罪是一种具有严重社会危害性的行为，触犯刑法应受到刑罚处罚。

（一）犯罪的特征

犯罪行为具有以下三个基本特征。

1．严重的社会危害性

严重的社会危害性是犯罪的首要特征，也是犯罪的最本质的特征。犯罪是具有一定社会危害性的行为，但并不意味着凡具有社会危害性的行为都是犯罪，只有当行为所具有的社会危害性达到严重程度、需要刑法加以干预时，才构成犯罪。如果情节显著轻微，社会危害性不大，且尚未达到犯罪程度的，则视为一般违法行为。

2．刑事违法性

刑法的罪刑法定原则要求犯罪行为必须是刑法明文禁止的行为。因此，犯罪不仅是危害社会的行为，同时也必须是触犯刑律的行为。行为的社会危害性是其刑事违法性的基础，

刑事违法性是社会危害性在刑法上的体现，同时也是区分犯罪与其他违法行为的法律分界线。只有当行为不仅具有严重的社会危害性，而且违反了刑法，具有了刑事违法性时，才可能被认定为犯罪。

3．应受刑罚处罚性

刑罚又叫刑事处分或刑事制裁，是由人民法院依照刑法对犯罪分子实行的强制处罚。判定某一行为是否为犯罪行为，必须是当它具备严重的社会危险性，并达到应当用刑罚的方法予以制裁时，才能认定为犯罪。犯罪是适用刑罚的前提，刑罚是犯罪的法律后果。

总之，严重的社会危害性、刑事违法性和应受刑罚处罚性是犯罪的基本特征，三者紧密结合，从不同角度对犯罪行为进行界定，是判定罪与非罪的标准与尺度。

（二）犯罪的构成要件

犯罪的构成要件是指依照我国刑法的规定，确定某种行为构成犯罪所必须具备的主观要件和客观要件的总和。按照我国犯罪构成的一般理论，我国刑法规定的犯罪都必须具备犯罪客体、犯罪客观方面、犯罪主体和犯罪主观方面等四个要件。

1．犯罪客体

犯罪客体是指受刑法所保护的被犯罪行为所侵害的社会关系。社会关系是人们在生产和共同生活活动过程中所形成的人与人之间的相互关系。任何一种犯罪行为都会对一定的社会关系造成侵害。确定了犯罪客体，在很大程度上就能确定行为人犯的是什么罪及其危害程度。

2．犯罪客观方面

犯罪客观方面是刑法规定的构成犯罪在客观上所必须具备的各种要件的总称，包括危害行为、危害结果，以及危害行为和危害结果之间的因果关系。

3．犯罪主体

犯罪主体是指实施危害社会的行为并依法应当承担刑事责任的自然人和单位。依据我国刑法的规定，犯罪主体分为自然人犯罪主体和单位犯罪主体两大类。

自然人犯罪主体是指达到刑事责任年龄，具备刑事责任能力，实施危害行为、触犯刑律的有生命的人。

相关链接

刑事责任年龄是指刑法规定的、行为人应对自己的犯罪行为承担刑事责任所必须达到的年龄。《刑法》对刑事责任年龄的规定如下：

（1）已满 16 周岁的人犯罪，应当负刑事责任。

（2）已满 14 周岁不满 16 周岁的人，犯故意杀人、故意伤害致人重伤或者死亡、强奸、抢劫、贩卖毒品、放火、爆炸、投放危险物质罪的，应当负刑事责任。

（3）已满 12 周岁不满 14 周岁的人，犯故意杀人、故意伤害罪，致人死亡或者以特别残忍手段致人重伤造成严重残疾，情节恶劣，经最高人民检察院核准追诉的，应当负刑事责任。

（4）对依照前三款规定追究刑事责任的不满 18 周岁的人，应当从轻或者减轻处罚。

（5）因不满 16 周岁不予刑事处罚的，责令其父母或者其他监护人加以管教；在必要的时候，依法进行专门矫治教育。

单位犯罪主体是指实施危害社会行为并依法应当承担刑事责任的公司、企业、事业单位、机关、团体。

4. 犯罪主观方面

犯罪主观方面是指犯罪主体对所实施的犯罪行为及其危害结果所持的一种心理态度。它包括犯罪的故意、过失、目的和动机等因素。其中犯罪的故意和过失是犯罪构成必须具备的主观要件。

犯罪故意是指行为人明知自己的行为会发生危害社会的结果，并且希望或者放任这种结果发生的心理态度。

犯罪过失是指行为人应当预见自己的行为可能发生危害社会的结果，因为疏忽大意而没有预见；或者已经预见而轻信能够避免的心理态度。根据刑法规定，犯罪过失分为疏忽大意的过失和过于自信的过失。

三、犯罪的种类和刑罚的目的

（一）犯罪的种类

根据犯罪所侵害的客体不同，可以把犯罪划分为以下十类。

1. 危害国家安全罪

危害国家安全罪是指危害国家主权、领土完整和安全，分裂国家、颠覆人民民主专政的政权和推翻社会主义制度的行为。我国刑法中规定的危害国家安全罪有背叛国家罪、分裂国家罪、颠覆国家政权罪、间谍罪等。

2. 危害公共安全罪

危害公共安全罪是指故意或者过失地实施危害不特定的多数人的生命、健康或者重大公私财产安全的行为。我国刑法中规定的危害公共安全罪有放火罪、破坏交通工具罪、破坏电力设备罪等。

3. 破坏社会主义市场经济秩序罪

破坏社会主义市场经济秩序罪是指违反国家经济管理法规，破坏社会主义市场经济秩序，严重危害国民经济的行为。我国刑法中规定的破坏社会主义市场经济秩序罪有生产、

销售伪劣产品罪（见图 6-9），走私罪，为亲友非法牟利罪，高利转贷罪等。

4．侵犯公民人身权利、民主权利罪

侵犯公民人身权利、民主权利罪，是指故意或者过失地侵犯公民的人身权利、民主权利，依法应当受到刑罚处罚的犯罪行为。我国刑法中规定的侵犯公民人身权利和民主权利罪有过失致人重伤罪、非法拘禁罪、绑架罪等。

5．侵犯财产罪

侵犯财产罪是指故意非法地将公共财产和公民私有财产据为己有，或者故意毁坏公私财物的行为。我国刑法中规定的侵犯财产罪有抢劫罪、盗窃罪、诈骗罪等。

6．妨害社会管理秩序罪

妨害社会管理秩序罪是指妨害国家机关对社会的管理活动，破坏社会正常秩序，情节严重的行为。我国刑法中规定的妨害社会管理秩序罪有妨害公务罪、招摇撞骗罪、非法利用信息网络罪（见图 6-10）等。

图 6-9　生产、销售伪劣产品罪

图 6-10　非法利用信息网络罪

7．危害国防利益罪

危害国防利益罪是指违反国防法律、法规，拒绝或者逃避履行国防义务，危害作战和军事行动，危害国防物质基础和国防建设活动，妨害国防管理秩序，损害部队声誉，依法应受到刑罚处罚的行为。我国刑法中规定的危害国防利益罪有阻碍军人执行职务罪，破坏武器装备、军事设施、军事通信罪，聚众冲击军事禁区罪，煽动军人逃离部队罪等。

8．贪污贿赂罪

贪污贿赂罪是指国家工作人员或国有单位实施的贪污、受贿等侵犯国家廉政建设制度，以及与贪污、受贿犯罪密切相关的侵犯职务廉洁性的行为。我国刑法中规定的贪污贿赂罪有贪污罪、挪用公款罪、受贿罪、私分国有资产罪等。

9．渎职罪

渎职罪是指国家机关工作人员利用职务上的便利徇私舞弊、滥用职权、玩忽职守，妨害国家机关的正常活动，损害公众对国家机关工作人员职务活动客观公正性的信赖，致使国家与人民利益遭受重大损失的行为。我国刑法中规定的渎职罪有滥用职权罪、故意泄露

国家秘密罪、私放在押人员罪、传染病防治失职罪等。

10．军人违反职责罪

军人违反职责罪是指军人违反职责，危害国家军事利益，依照法律应当受刑罚处罚的行为。我国刑法中规定的军人违反职责罪有隐瞒、谎报军情罪，擅离、玩忽军事职守罪，违令作战消极罪，军人叛逃罪等。

（二）刑罚的目的

犯罪是最严重的违法行为，刑罚是国家审判机关依法对犯罪分子实施的强制性的法律制裁措施，其严厉性是其他处罚方式不可比拟的。它不仅可以剥夺罪犯的财产和资格，还能限制或剥夺罪犯的自由甚至生命。

相关链接

我国的刑罚分为主刑和附加刑（见图 6-11）。其中，主刑是对犯罪分子适用的主要刑罚方法，它只能独立适用，不能作为其他刑罚方法的附加来适用；附加刑是补充主刑适用的刑罚方法，它既可以独立适用，也可以附加适用。

- 刑罚
  - 主刑
    - 管制
    - 拘役
    - 有期徒刑
    - 无期徒刑
    - 死刑
  - 附加刑
    - 罚金
    - 剥夺政治权利
    - 没收财产
    - 驱逐出境

图 6-11 刑罚分类

对犯罪分子实行刑罚处罚，目的是让犯罪分子通过强迫劳动和思想改造认识到犯罪是可耻的，要弃恶从善，成为自食其力、遵纪守法的好公民。对极少数罪大恶极的犯罪分子，判处死刑，是为使他们不再危害社会。对犯罪行为实行刑罚处罚，还可以对社会上的不稳定分子起到警示和抑制作用，促使他们消除犯罪念头。

法律讲堂

天才少年由“黑客”变“白客”

未成年人小刘为了炫耀其电脑技能，吸引更多人加入其建立的 QQ 群，他非法获取大量公民个人信息并放在群中，供群成员随意下载。后小刘被公安机关以侵犯公民个人信息罪立案侦查。

2017 年 8 月，案件移送江苏省淮安市淮阴区人民检察院审查起诉，检察机关进行社会调查后了解到小刘爱学习、能钻研，对网络技术有兴趣、有天分，且一贯表现良好，属于初犯，结合其犯罪情节轻微、认罪悔罪态度好等情节，依法对其作出附条件不起诉决定。同时成立了由检察人员、司法社工、学校老师等组成的帮教小组，对小刘制定了有针对性的帮教考察方案。

根据方案，在附条件不起诉考验期间，检察机关对小刘进行了法治教育，学校团委、社工定期和小刘谈话，了解他的思想动态，对其进行心理疏导，引导他把天分和技术用于正途。在此期间，经检察机关批准，小刘利用自己的网络技术协助警方破获一起特大网络传销案件。此外，他还积极参与网络安全建设，协助有关部门堵塞网络安全漏洞，成功由一名“黑客”转变为“白客”，并在国家互联网应急中心官方网站的“白帽子原创积分排名”中居全国前列。2018 年 12 月，淮安市淮阴区人民检察院对小刘作出不起诉决定。

涉罪未成年人可塑性很大，容易改造，但如果处理不当，将来又可能变本加厉地危害社会。本案中，检察机关通过联合团组织、司法社工、心理疏导专业人员等多方社会力量，量身制定帮教方案，精准实施帮教，确保涉罪未成年人认识到自身错误，并利用其专业特长服务社会，最大限度地挽救失足未成年人，从而为国家保住了一个有用之才。

实践活动　“以案释法”案例研讨会活动

本活动的目的是让学生更好地将所学法律知识与社会实践相结合，促进他们进一步了解刑法的基本知识，提高运用刑法依法打击各类刑事犯罪活动的能力，进而起到远离犯罪、预防犯罪的作用。

要求学生以小组为单位，利用课余时间查阅相关资料，收集有代表性的刑事案件，并制作成案例卡交给老师。教师将各组的案例卡进行汇总，再让各小组抽签选择案例卡，并对选中的案件进行分析、讨论，同时选出一名发言人阐述本组讨论结果。师生共同评议各组的发言。

过程记录

活动开展计划：

活动开展关键点：

活动开展难点及解决方案：

心得体会：

活动评价

教师可参考表 6-4 对各小组参与案例研讨会活动的表现进行评价。

表 6-4　各小组“以案释法”案例研讨会活动评价表

评价标准	分值	分数小计	教师评价
案例贴近实际，表述明了	20 分		
案例分析思路清晰、结构完整	20 分		
对法律相关知识理解到位	20 分		
发言阐述清楚、观点明确	20 分		
小组成员分工明确，配合默契	20 分		

专题四　理性处理纠纷，依法选择维权方式

透视生活

01

高中生小惠居住的小区有很多居民养狗。有一天，小区某居民在路边逗自己家的宠物狗玩，忽然，宠物狗扑向了路过的小惠，并将其咬伤。小惠立即去医院注射了狂犬疫苗，支出疫苗费用 1 080 元。第二天，宠物狗的主人跑到小惠家中赔礼道歉，并送去价值 80 元的营养品。小惠的父母认为这个宠物狗此前已经咬伤过他人，而它的主人仍未对其严加管理，才导致小惠受伤。小惠的父母要求宠物狗的主人赔偿医疗费、交通费、精神抚慰金等共计 3 000 元。宠物狗的主人认为自己已经赔礼道歉，并且小惠已经接受送去的营养品，于是拒绝再赔偿任何费用。双方发生争执后，小惠向法院提起诉讼。法院判宠物狗的主人赔偿小惠 2 000 元。

02

白某参加了某省的专升本考试，其分数超过了报考学校的录取分数线却未被录取。他认为有人“暗箱操作”，故向报考学校提出信息公开申请，要求公开其考试的相关信息。该学校以书面形式作出答复。白某认为该学校的答复侵犯了其知情权，遂将该学校起诉至法院。法院经审理，判决撤销被告单位作出的信息公开答复，责令被告单位于法定期限内对原告白某申请获取的相关信息予以公开和答复。

如果你遇到类似上述案例中的纠纷，你会采取什么样的方式解决？说一说你的理由。

一、纠纷解决的诉讼和非诉讼方式

一般而言，纠纷既可以通过纠纷双方直接交涉商谈来解决，也可以通过第三方介入来解决。第三方介入存在多种形式，从程序化和制度化的诉讼体制到亲戚朋友的劝解，都在此列。随着社会关系的发展，解决纠纷的方式和手段越来越丰富，从而形成了多元化的纠纷解决机制，其中诉讼纠纷解决机制处于核心地位。

（一）诉讼方式

诉讼是由专门的国家机关在诉讼当事人的参与下，依照法定程序解决具体争议的活动。它是解决各种冲突和纠纷的最后途径。如果受到非法侵害后采取其他方式不能解决问题，或者认定只能通过诉讼途径才能维护合法权益，我们就使用诉讼手段，通过打官司讨回公道。根据诉讼要解决案件的性质、诉讼的内容程序等因素的不同，诉讼可以分为刑事诉讼、民事诉讼和行政诉讼三种。规定上述三种诉讼程序的法律规范分别是刑事诉讼法、民事诉讼法和行政诉讼法。

相关链接

行政诉讼法可以为老百姓在公平公正的条件下和政府打官司提供保证，在社会生活中发挥着公民权利“守护神”、依法行政“推进器”、官民关系“润滑剂”、社会稳定“减压阀”的作用。它是人民法院、诉讼当事人、其他诉讼参加人及对行政诉讼实行法律监督的人民检察院进行诉讼活动的行为准则。

1．诉讼权利

实体权利的实现有赖于法律程序的保障。没有程序的公正，实体的公正也无从谈起。为了保证程序的公正，法律赋予公民多种诉讼权利，其中主要有公民委托辩护人或诉讼代理人的权利、申请回避的权利、上诉的权利。

（1）委托辩护人或诉讼代理人的权利：当深陷纠纷，深感自己缺乏法律知识时，当无暇参与诉讼活动时，当在搜集证据过程中碰壁时，当事人可以委托其他人帮助自己进行诉讼，这就是代理诉讼。在民事诉讼和行政诉讼中，帮助当事人进行诉讼的人称为诉讼代理人。在刑事诉讼中，帮助犯罪嫌疑人或被告进行诉讼活动的人，称为辩护人；帮助被害人、自诉人或附带民事诉讼当事人的人，称为诉讼代理人。

（2）申请回避的权利：如果当事人在诉讼的过程中遇到一个可能会影响案件公正审理的人，当事人有权要求他退出。

（3）上诉的权利：当事人不服地方人民法院第一审判决的，有权在判决书送达之日起十五日内向上一级人民法院提起上诉。当事人不服地方人民法院第一审裁定的，有权在裁定书送达之日起十日内向上一级人民法院提起上诉。

分组讨论

情景一：15岁的小钱涉嫌多次盗窃被拘留，开庭审理时小钱提出委托自己在大学读书的哥哥为自己辩护。

情景二：赵老汉修整宅基地的时候用推土机把邻居李大妈宅基地的一角推掉二十余平方米，并将推出的土地占为己有。李大妈多次要求赵老汉归还土地，赵老汉拒绝归还，因此李大妈把赵老汉告上法院。在诉讼过程中，李大妈无意发现审理此案的法官是赵老汉的外甥，遂要求更换法官。

情景三：小周的父亲经营着一家小吃店。一天，区卫生局来店里检查卫生，以厨房条件不符合卫生标准为由，没收了其卫生许可证，并罚款 2 000 元。小周的父亲对这一行政处罚不服，起诉到法院。法院一审判决将罚款数额减为 1 000 元，但是小周的父亲认为自己根本不应该受到处罚，因此不服一审判决，要求重新审理。

查一查我国的现行法律，以上三人的请求能否获得批准，请说明理由。

尽管民事诉讼、行政诉讼和刑事诉讼内容不同，参加的主体不同，诉讼权利也各不相同，但是公民依法享有诉讼权利的法律基础是相同的。我国宪法明确规定，中华人民共和国公民在法律面前一律平等。当我们参加诉讼活动时，应该牢牢树立这一观念。

相关链接

刑事诉讼是国家司法机关为实现刑罚权而进行的专门活动。与其他诉讼方式相比，国家机关在刑事诉讼中的主导作用更强。国家机关不但可以主动查获犯罪人、提起刑事诉讼，还有义务查明案件真相，对诉讼的发生、发展和结局都具有决定性的影响力。

《中华人民共和国刑事诉讼法》第十二条规定：“未经人民法院依法判决，对任何人都不得确定有罪。”这体现了对犯罪嫌疑人、被告人诉讼权利的保护。2012 年修改后的刑事诉讼法进一步保护了公民的诉讼权利，其中特别增加了“未成年人刑事案件诉讼程序”一章，以更好地保障未成年人的诉讼权利。

2. 诉讼管辖

当事人在上法院之前，需要了解纠纷是不是应该由法院处理，以及有关纠纷具体归哪个法院管的问题。我国的法院分为基层人民法院、中级人民法院、高级人民法院和最高人民法院四级，此外还设立了专门法院。法院系统内部有明确的管辖分工。依法确定各级或同级法院之间受理一审案件的分工和权限的活动称为管辖。

3. 诉讼程序

确定了管辖法院，当事人可以向法院提出诉讼申请，这就是起诉，俗称“告状”，起诉是迈向诉讼程序的第一步。对符合法律规定的起诉、自诉，人民法院应当当场予以立案。立案登记后，诉讼即告成立，指控的一方称为原告，被指控的一方相应成为被告，诉讼进入一审程序。经发送起诉副本和答辩状副本，并通知双方当事人开庭日期后，诉讼进入开庭审理环节，该环节包括开庭准备、法庭调查、法庭辩论、休庭评议与宣判五个阶段（见图 6-12）。一审结束后，当事人不服一审判决或裁定的，有权提起上诉，启动二审程序。二审程序是法院审理上诉案件的程序，与一审程序相似。

由于我国实行两审终审制，因此二审裁判就是终审裁判，当事人不能再上诉。但是，如果当事人认为二审裁判确有错误，还可以申请再审。一审重在解决事实认定和法律适用，二审重在解决事实法律争议、实现二审终审，再审重在解决依法纠错、维护裁判权威。

图 6-12 开庭审理程序

4．诉讼证据

现实生活中，很多人在诉讼的过程中遇到过“有理说不清”的烦恼，其根源就在于手中没有过硬的证据。证据，就是证明的根据，用已知的事实证明未知的事实离不开证据。法律意义上的证据，即诉讼证据是指诉讼过程中用来证明案件事实的一切凭证或根据。当事人向法院起诉，要求法院保护自己的某种合法权益时，有责任对自己的说法负责，依法承担提供证据的责任，来证明自己的诉讼主张。如果提供不出证据，就要承担败诉的风险。在诉讼中，我们强调“以事实为根据”，而证据是确认事实的支柱，也是我们最有力的武器。

法律讲堂

真实的证据

原告崔某起诉称，2015 年 4 月 24 日崔某按照王某微信指示向刘某名下账户打款 50 000 元，后又以现金形式交付给王某 8 000 元，王某一直未偿还，故请求判令王某偿还借款 58 000 元。崔某提交了两份证据：一是和微信昵称为“小熊”的微信聊天记录，其中 2015 年 4 月 24 日记录显示，“小熊”向崔某提供了刘某卡号信息；2015 年 9 月 8 日记录显示，“小熊”向崔某发送信息，称“你借给我的 58 000 块钱，年底还你”。二是打款记录，证明崔某向“小熊”微信中提供的账号打款 50 000 元。被告王某辩称：第一，崔某没有提交借条等证据，无法证明崔某与王某之间存在借款关系；第二，崔某提交的微信聊天记录显示对方为“小熊”，系微信昵称，并非王某本人；第三，崔某提交的转账回单收款人不是王某，显示金额为 50 000 元并非 58 000 元；因此崔某与王某之间不存在欠款关系。

本案的主要争议焦点：一是微信用户“小熊”和被告王某之间的身份对应问题，二是借款关系的成立与否，以及借款金额的认定问题。

对于第一个争议焦点，法官依据昵称为“小熊”的微信账号中显示的关联电话号码为王某的电话号码，认定“小熊”与王某系同一人。

对于第二个争议焦点，虽然本案双方没有签订书面的欠条借据，但是微信聊天记录显示，“小熊”向崔某表示“你借给我的 58 000 块钱，年底还你”，可以看出被告认可双方之间存在借贷关系。虽然收款账户在刘某名下，但这是根据被告的指示转款，仍视为向被告出借款项，可以佐证借款事实。就借款数额而言，虽然 8 000 元以现金形式交付，没有书面记录，但是微信记录中认可的数额为 58 000 元，故本案的借贷数额应认定为 58 000 元。最后，法院支持了原告崔某的诉讼请求。

在举证时，若想使微信、QQ 聊天记录，微信、支付宝转账记录等电子数据成为有效证据，其必须满足证据的真实性、合法性和关联性的要求。

（二）非诉讼方式

当然，国家并不倡导公民将所有纠纷都通过诉诸法院的方式来解决，反而希望有些纠纷可以自行消弭，提倡当事人通过一些司法制度以外的途径加以解决，哪怕最终需要通过诉讼来解决，也设置了一些包括调解、仲裁和行政复议等在内的渠道以代替正式的严肃的审判程序。

调解是指发生纠纷的双方或多方当事人在第三方的排解疏导、说服教育下，依法自愿进行协商，从而达成协议、解决纠纷的方式。

仲裁是指民事、经济纠纷的当事人根据其在事先或事后达成的协议，自愿将该争议提交中立的第三者进行裁判，仲裁机构以第三者的身份对争议事件作出裁决的解决争议的方式。仲裁裁决具有法律效力，当事人必须履行。

图 6-13　行政复议

行政复议（见图 6-13）是指公民、法人或者其他组织认为行政机关作出的具体行政行为侵犯其合法权益的，可以依法向特定行政机关提出申请，由该行政机关对有争议的具体行政行为依法进行审查并作出行政复议决定。

法律讲堂

利用调解方式解决纠纷

中学生小方在使用某厂家生产的热水袋取暖的时候，热水袋爆裂，他被严重烫伤，住院治疗了 2 周，共花去医疗费近 6 000 元。小方的母亲找到出售热水袋的个体商贩，对方态度虽然积极，但无力承担高额赔偿费用。小方同学的母亲只好向当地消费者协会投诉。在消费者协会的调解下，小方终于获得厂家的赔偿。

通过调解的方式，不仅节省了大量的诉讼时间和成本，而且小方与厂家之间的矛盾得到缓和，小方自身的权益也得到了保护。

二、民事诉讼和行政诉讼的基本程序

（一）民事纠纷

民事纠纷是指平等主体之间发生的、以民事权利义务为内容的社会纠纷，如合同纠纷（见图 6-14）、离婚纠纷、著作权纠纷等。民事纠纷的特点包括：民事纠纷主体之间法律地位平等；民事纠纷的内容是对民事权利义务的争议；民事纠纷的可处分性，即权利人有权行使或放弃实体和程序权利。

图 6-14　合同纠纷

民事纠纷按内容可分为涉及财产关系的民事纠纷和涉及人身关系的民事纠纷。无论是遇到哪种民事纠纷，当事人自己应该想到的就是拿起法律武器，积极维护自己的权益，同时尊重他人的权益。

法律讲堂

劳动合同纠纷

李某是某外资企业的一名技术人员，2016年5月他与公司签订了为期3年的劳动合同。2017年1月，公司更换了主要负责人，新负责人以李某不适合该项工作为由，要求与李某解除劳动合同，李某不同意。该负责人便采取了增加李某劳动强度、减少李某奖金收入等办法予以刁难。李某在不堪忍受的情况下，提出如果公司提出解除劳动合同，他本人可以签字同意。但公司坚持让李某自己先写“辞职报告”，然后由公司批准。李某坚决不同意这样做，后来公司许诺：如果李某照办，公司可以给予李某一笔丰厚的生活补助，还可以按照劳动法有关规定支付解除劳动合同的经济补偿金。

李某于2018年12月向公司递交了“辞职报告”，并立即被公司批准，但此后生活补助和经济补偿金却毫无踪影。李某找公司索要，公司拿出来李某的“辞职报告”说，生活补助是单位对被辞退人员的抚恤，根据劳动法规定，经济补偿金在用人单位提出解除劳动合同时才支付，李某是主动辞职，没有上述两条待遇。李某非常气愤，将公司告上法院，并提供了公司要求他递交“辞职报告”的证据。法院判决公司向李某支付相当于3个月工资的经济补偿金。

（二）民事诉讼的基本程序

民事诉讼是指法院在当事人和其他诉讼参与人的参加下，以审理、判决、执行等方式解决民事纠纷的活动，以及由这些活动产生的各种诉讼关系的总和。

了解诉讼程序

民事诉讼主要解决平等主体的公民、法人和其他组织及他们相互之间因财产权益和人身权利发生的纠纷，如侵权纠纷、知识产权纠纷和人身权纠纷等。

民事诉讼参加人包括当事人、共同诉讼人、诉讼代表人、第三人和诉讼代理人等。当事人是指因民事权利义务发生争执，以自己名义进行诉讼并受法院裁判的人。当事人在第一审程序中，一般称为原告和被告；在第二审程序中，称为上诉人和被上诉人。大多数情况下，当事人是发生争执的民事法律关系的主体，是为保护自身权益参加诉讼的，与案件审理结果有直接利害关系，法院所做的判决、裁定、调解书对他们产生约束力。共同诉讼人、诉讼代表人、第三人和诉讼代理人是与当事人诉讼地位相同或类似的人。

民事审判程序是指法律规定的，人民法院审理民事案件必须遵循的时限、步骤、方式等要求的总和，也就是从法院立案受理到对民事案件做出最终判决的全部过程。民事审判

的基本程序如下。

（1）起诉：起诉是指当事人向法院提出诉讼请求的行为。公民、法人或其他组织认为其民事权益受到侵害或与他人发生民事争议时，有权请求人民法院通过审判方式予以司法保护。我国民事诉讼法规定起诉的条件包括实质要件和形式要件。实质要件具体包括：原告是与本案有直接利害关系的公民、法人和其他组织；有明确的被告；有具体的诉讼请求和事实、理由；属于人民法院主管和受诉人民法院的管辖。形式要件包括：一般应提交起诉状（见图 6-15），对于书写起诉状确有困难的，可以口头起诉；预交案件受理费。

民事起诉状

原告：________

被告：________

诉讼请求：________

事实和理由：________

此 致

________人民法院

原告人：________（盖章）

法定代表人：________（盖章）

________年____月____日

附：1. 本诉状副本____份

2. 其他证明文件____份

图 6-15　民事起诉状

（2）受理：受理又称立案，是指人民法院经过审查，认为原告的起诉符合民事诉讼法规定的条件，从而决定予以审理的行为。一审普通程序的启动必须以当事人的起诉行为与人民法院的受理行为为前提。人民法院经过对起诉的审查，认为符合法定起诉条件的，应当在 7 日内立案，并通知当事人。

图 6-16　给被告送达传票

（3）审理前的准备主要包括给被告送达传票（见图 6-16）、被告提出答辩状、双方交换证据等活动。

（4）开庭审理：开庭审理是指人民法院在法庭上依法对案件进行审理的诉讼活动。开庭审理的主要任务是审查、核实案件证据的真伪性及证明力，查明案件真实情况，分清责任是非，正确适用法律，依法作出裁判。

开庭审理的程序包括开庭准备、法庭调查、法庭辩论、休庭评议与宣判五个阶段。其中，在法庭调查环节应当对证据进行质证，未经公开

质证的证据不得作为判决的依据。

（5）民事判决：民事判决是指人民法院通过对民事案件的审理，根据查明和认定的案件事实，正确适用法律，对案件实体问题作出权威性判定。其实质是将人民法院确认的当事人之间的权利义务关系，用法定的判定形式确定下来。

相关链接

民事审判还有一种简易程序，它是相对普通程序而言的，是基层人民法院和它派出的法庭审理简单民事案件所适用的一种独立的第一审程序，适用于事实清楚，权利、义务关系明确，争议不大的简单民事案件。简易程序的起诉方式、受理案件的程序、传唤方式简便；审理实行独任制，程序简便。法院适用简易程序审理案件，应在立案之日起3个月内审结。

（三）行政纠纷

行政权是我们日常生活中接触最多的国家权力，行政管理活动也是最容易产生争议的国家权力活动。青少年学生与行政管理的关系较为密切，无论是求学过程中的学籍、学位管理，还是生活中的户籍管理、交通管理、治安管理，抑或是创业就业过程中的工商税务管理，都与青少年学生息息相关。

行政纠纷是行政主体在行使公权力过程中与行政相对人之间产生的关于行政法上的权利和义务的争议，行政纠纷具有以下三个特点：一是行政纠纷的一方是行政主体，行政争议只能发生在行政主体和行政相对人之间；二是行政纠纷是由行政违法或不当行为引起的；三是行政纠纷是基于行政主体运用行政权力进行行政管理而产生的争议。如果行政主体事实上没有运用行政权力，而是以平等民事主体的身份参与民事活动与他人发生争议，就属于民事纠纷。

法律讲堂

将母校告上法庭

江某就读于某职业学校计算机应用技术专业，2016年6月1日，江某和室友李某发生口角并打了起来，江某无意间将李某打伤。该学校决定给予两人记过处分。

两年后，江某完成了所有课程，成绩合格且通过了论文答辩。然而，2018年6月20日，江某从学校学位委员会对2018届毕业生学位进行的表决结果中获悉，因为在校期间受过记过处分，学校不同意授予其学位证书。无奈之下，江某以学校从未告知自己处分具体情况和后果，也未告知其应有的申诉渠道，学校的行为程序违法，不予颁发学位证书的决定于法没有证据为由，将母校告上法庭，请求法院判令学校为其颁发学位证书。

法院作出了一审判决，撤销了某职业学校不同意授予江某学位证书的具体行政行为，并要求该学校在判决生效之日起 60 日内，召集本学校评定委员会对江某的学位资格进行审核，作出具体行政行为。

（四）行政诉讼的基本程序

行政诉讼俗称“民告官”，是解决行政纠纷的重要途径。国家行政机关在履行职务的过程中，与行政相对人发生行政争议，或行政相对人的正当权益受到行政机关的侵犯时，可以向人民法院提起行政诉讼，要求人民法院审查行政机关的行政行为，作出合法的判决。

行政诉讼通过对行政纠纷的审理与裁判，解决行政机关与自然人、法人或其他社会组织之间因行政行为而产生的争议，从而维护正常、稳定的社会秩序。此外，行政诉讼的一个重要功能是对在行政管理过程中处于劣势、合法权益容易受到违法行政行为侵害的自然人、法人或其他社会组织予以救济。

行政诉讼参加人是指因起诉或应诉参加行政诉讼活动的人，包括原告、被告和第三方及他们的诉讼代理人。原告是指以自己名义向人民法院提起行政诉讼，要求保护其合法权益的公民、法人或其他组织。被告是指由原告起诉经人民法院通知应诉的国家行政机关。行政诉讼的被告必须是实施了原告认为侵犯其合法权益的具体行政行为，且是人民法院通知其应诉的行政主体。

相关链接

人民法院受理公民、法人和其他组织提起的下列诉讼：

（1）对行政拘留、暂扣或者吊销许可证和执照、责令停产停业、没收违法所得、没收非法财物、罚款、警告等行政处罚不服的。

（2）对限制人身自由或者对财产的查封、扣押、冻结等行政强制措施和行政强制执行不服的。

（3）申请行政许可，行政机关拒绝或者在法定期限内不予答复，或者对行政机关作出的有关行政许可的其他决定不服的。

（4）对行政机关作出的关于确认土地、矿藏、水流、森林、山岭、草原、荒地、滩涂、海域等自然资源的所有权或者使用权的决定不服的。

（5）对征收、征用决定及其补偿决定不服的。

（6）申请行政机关履行保护人身权、财产权等合法权益的法定职责，行政机关拒绝履行或者不予答复的。

（7）认为行政机关侵犯其经营自主权或者农村土地承包经营权、农村土地经营权的。

（8）认为行政机关滥用行政权力排除或者限制竞争的。

（9）认为行政机关违法集资、摊派费用或者违法要求履行其他义务的。

（10）认为行政机关没有依法支付抚恤金、最低生活保障待遇或者社会保险待遇的。

（11）认为行政机关不依法履行、未按照约定履行或者违法变更、解除政府特许经营协议、土地房屋征收补偿协议等协议的。

（12）认为行政机关侵犯其他人身权、财产权等合法权益的。

除前款规定外，人民法院受理法律、法规规定可以提起诉讼的其他行政案件。

行政诉讼程序是行政诉讼活动必须遵守的次序、方式和方法。就其内容来讲，与民事诉讼法基本相似，一般分为起诉、受理、审理、判决和执行等几个阶段，此处不再详述。

（五）程序正义的力量

在人类通往正义的道路上，法律扮演着不可或缺的角色。从一定意义上讲，法律实现正义主要有两种方式：一是实体正义，二是程序正义。

实体正义是结果的正义，程序正义是过程的正义。要想实现真正的正义，仅仅按照实体法的规定作出正确、公正的判决是不够的，还必须确保整个判决过程正确、公平、合法，这样人们对判决的结果才心服口服。所谓看得见的正义，就是指这个裁判过程的正义。

分组讨论

“你有权保持沉默；你所说的，有可能成为法庭不利于你的证据；你有权请律师，你如果请不起律师，法庭将为你指定一位。”这是我们在警匪片中经常听到的一段话。

谈一谈警察在拘捕或审讯嫌疑人时说这段话的原因。

在现代社会，程序法能否得到严格的遵守，是衡量一个国家司法正义、诉讼民主、人权保障程度的重要标志。程序正义可以最大限度地保障实体正义的实现，有效地防止权力滥用和司法腐败，有力地保障人权，可以促进实体结果为人们所接受、消除人们的不满情绪。而程序正义能否实现，要看它是否符合裁判者中立、当事人充分参与、裁判过程尽量公开、当事人对等的标准。

实践活动　观看庭审实录、模拟法庭系列活动

观看庭审实录、模拟法庭系列活动的目的是让学生了解法庭受理案件的整个流程和细节；感受到法就在我们的身边，增强自身的法律意识。活动过程包括案情分析、角色划分、法律文书准备、预演、正式开庭等环节，可以调动学生的积极性与创造性，培养学生写作能力、实务操作能力、表达能力、应变能力和团结协作能力等。

【活动准备】

（1）案件选取：选取与青少年相关的典型民事案件。

（2）演员选拔：选拔 1 名审判长、2 名审判员、1 名书记员、2 名公诉人、2 至 3 名辩护人、2 名被告、2 名法定代理人、2 名证人、2 名法警。

（3）准备诉讼文书：包含民事起诉状、民事答辩状、民事判决书、公诉词、辩护词、代理词、庭审笔录，同时厘清诉讼过程。

【活动流程】

步骤一：书记员宣布法庭纪律，核对当事人基本情况；

步骤二：书记员宣布起立，法官进入；

步骤三：法官介绍案件基本情况（合议庭组成、公诉人、被告、案由等）；

步骤四：公诉人宣读起诉书；

步骤五：被告人答辩；

步骤六：法庭调查；

步骤七：法庭辩论；

步骤八：宣判；

步骤九：教师点评。

过程记录

活动开展计划：

活动开展关键点：

活动开展难点及解决方案：

心得体会：

活动评价

教师可参考表 6-5 对观看庭审实录、模拟法庭系列活动进行评价。

表 6-5 观看庭审实录、模拟法庭系列活动评价表

评价标准	分值	分数小计	教师评价
同学们积极参与、团结协作	25 分		
案件材料准备充分、详细	25 分		
同学们掌握诉讼活动具体步骤，树立程序正义的观念	25 分		
同学们活学活用，实践能力较强	25 分		